DR. SANDRA BRUNS
DR. LARA STEINHOFF

VORSICHT
—— GIFTIG!

Anti-Giftköder-Training für Hunde

MIT KOSMOS MEHR ENTDECKEN

Mit
Erste
—— Hilfe
Maßnahmen

SEIT 1822

KOSMOS

INHALT

Zu diesem Buch

1

Es liegt in der Natur des Hundes, sich für herumliegende Nahrungsreste zu interessieren. Das Vertilgen von Abfällen war ein Grund, warum sich seine Vorfahren uns Menschen als Haustier anschlossen. Betrachtet man diesen Hintergrund, wird klar, dass die Nahrungssuche immer noch fest im Repertoire unserer Haushunde verankert ist. Diese Sammlerleidenschaft unserer Vierbeiner wird leider immer wieder von Tierquälern ausgenutzt, um Hunde gezielt zu vergiften. Sehr häufig kommt es jedoch auch zu einer unbeabsichtigten Aufnahme von gefährlichen Stoffen in Haus und Garten. Wie können wir unseren Hund vor solchen Gefahren schützen?

EIN THEMA MIT BRISANZ

Es ist leider traurige Realität: Hundehasser töten mit gezielten Anschlägen Hunde, indem sie mit Rattengift oder verletzenden Fremdkörpern gefüllte Köder auf Gassiwegen verstecken. Der Grund für diese hinterhältigen Anschläge auf unsere geliebten Vierbeiner ist für Hundefreunde ganz und gar nicht nachzuvollziehen. Es ist vielleicht ein Zeichen der Zeit, dass auch Hunde in einer immer polarisierteren Gesellschaft zur Zielscheibe von Wut und Frust werden. Wie kann man seinen Hund vor dieser Gefahr schützen? Schließlich sind unsere Hunde mit einer guten Nase ausgestattet, die speziell auf den Geruch von Fettsäuren geeicht ist.

2

Die Fähigkeit unserer Vierbeiner, in „stereo" – also räumlich – zu riechen, ermöglicht ihnen ein spielend leichtes Auffinden potenzieller Leckereien. Entdeckt ein Hund nun solch einen gut riechenden Köder, ist er selten abgeneigt, diese Beute auch zu verschlingen. Doch nicht nur absichtlich ausgelegte Köder, sondern auch viele Stoffe aus dem Haushalt oder dem Garten, die uns Menschen keine Probleme bereiten oder schlicht uninteressant sind, können bei den Sofawölfen großes Interesse wecken und unverträglich oder giftig sein bzw. als Fremdkörper wirken.
Es gibt einige Möglichkeiten, den Hund vor zu schnellem Hinunterschlingen zu schützen.

Dieses Anti-Giftköder-Training setzt sich dabei zusammen aus
– einem genauen Lesen und Beobachten des Hundes auf dem Spaziergang,
– einem präventiven Kontrollieren,
– zuverlässigen Basissignalen sowie
– einem gezielten Training, das das Abwenden, die Anzeige und das Ausgeben von Futter umfasst.

Ebenso wichtig wie diese Trainingsstrategien ist es, den Hund durch ein genaues Wissen über die Giftigkeit verschiedener Stoffe vor unabsichtlichen Vergiftungen im Alltag zu bewahren und im Notfall schnell und richtig erste Hilfe leisten zu können.

1. Durch ihre ausgezeichnete Nase entdecken Vierbeiner Leckereien auf dem Spaziergang häufig vor ihren Haltern.

2. Ein gezieltes Training kann den Hund vor der Aufnahme unverträglicher oder giftiger Dinge schützen.

RUND
UMS GIFT

UNFÄLLE IM HAUSHALT

Werden Schokoriegel und knisternde Tablettenblister auf Hunde-
höhe aufbewahrt, sind sie vor einem „Allesfresser" nicht sicher.

Unter Vergiftungsverdacht

Wenn ein Hund plötzlich unerklärliche Krankheitssymptome zeigt, die zudem denen einer Vergiftung ähneln, sollten bei uns Hundehaltern alle Alarmglocken läuten. Schnell muss die Ursache gefunden werden.

Um zu unterscheiden, ob es sich um eine Vergiftung durch einen absichtlich ausgelegten Giftköder, eine Vergiftung durch die unbeabsichtigte Aufnahme eines Stoffes oder aber um eine andere Erkrankung handelt, sollte man sowohl sein Umfeld als auch seinen Hund gut kennen. Zunächst gilt es herauszufinden, womit sich der Vierbeiner vergiftet haben könnte. Denn für den Erfolg der tierärztlichen Behandlung ist es von großem Interesse, welcher Stoff und wie viel des unverträglichen Stoffes aufgenommen wurden.

GIFTKÖDERANSCHLAG ...

Hat der Vierbeiner auf dem Spaziergang oder im Garten einen von Hundehassern absichtlich ausgelegten Köder aufgenommen? In jedem Fall ist es wichtig, dass der Hund auf dem Spaziergang sowie auch im Garten nicht unbeobachtet bleibt, um einen Giftköderanschlag, also eine absichtliche Vergiftung, zu vermeiden. Sollten also Gerüchte über einen Giftanschlag in der Gegend kursieren, empfiehlt es sich, den Hund gut zu beobachten, um jedes kleinste Interesse an einem Köder sofort zu erkennen und entsprechend gegensteuern zu können.

Die Suche nach möglichen Ködern – sinnvollerweise ohne Beisein des Hundes – kann Aufschluss über Art und Dosis geben und vor allem weitere Opfer vermeiden.

... ODER UNFALL?

Häufiger kommt es jedoch vor, dass der Hund unbeabsichtigt etwas Unverträgliches oder Giftiges aus dem Haushalt oder ein Umweltgift beim Gassigehen findet und aufnimmt.
Gerade bei jungen und „experimentierfreudigen" oder auch bei chronisch verfressenen Hunden kann es zu einem Unfall durch die Aufnahme eines im Haushalt oder Garten vorkommenden unverträglichen Stoffes kommen.
Während zerrissene Tüten oder Tablettenblister schnell entdeckt werden, kann Schneckenkorn oder Frostschutzlösung als Vergiftungsursache nicht immer gleich erkannt werden. Ebenso bleibt eine angefressene Pflanze im Garten im ersten Moment oft unentdeckt.
Es ist also in jedem Fall sinnvoll, wenn man über die Giftigkeit der im Haushalt oder Garten vorkommenden Stoffe relativ gut Bescheid weiß.

> Wer die geschmacklichen Vorlieben seines Hundes kennt, kann Vergiftungen besser vorbeugen und im Notfall zielgerichteter helfen.

Infozettel können andere Hundehalter auf betroffenen Wegen warnen.

Entsprechend umsichtig sollte man den Hund und seine Umgebung dann kontrollieren. Natürlich ist es am besten, wenn der Hund gar nicht erst an „Unverträgliches" herankommen kann. Sicher schließende Mülleimer, Schränke und Türen sind gerade für „staubsaugende und müllschluckende" Vierbeiner ein Muss.

Auch auf dem Spaziergang kann es zu unbeabsichtigten Vergiftungen kommen, beispielsweise indem der Hund aus einer Pfütze trinkt, in der sich ausgespülte Pflanzenschutzmittel befinden oder behandelte Pflanzen frisst.

Die verbreitete Neigung, menschlichen oder tierischen Kot zu fressen, kann ebenfalls Probleme bereiten. So können – eher selten – Rückstände von Entwurmungsmitteln im Pferdekot oder Rauschmitteln in menschlichen Hinterlassenschaften im Stadtpark eine Vergiftungsursache darstellen.

GERÜCHTE IM AUSLAUFGEBIET

Im besten Fall haben wir einen putzmunteren Hund an unserer Seite. Hört man nun Warnungen über ausgelegte Köder, ist die Verunsicherung groß. Kann man den Gerüchten glauben und, wenn ja, welche Vorsichtsmaßnahmen sind sinnvoll?

Zum einen kann das Vorkommen von schädigenden Hundeködern bewiesen werden, indem man diese findet, zum anderen kann auch der Nachweis einer schädigenden Wirkung im Hund als Beweis dienen. Steht eine Diagnose fest und kann man ausschließen, dass die Gifte unbeabsichtigt in den Hund gelangt sind, sollte man sofort handeln. Eine Information aus erster Hand, sei es von dem betroffenen Tierhalter oder dem behandelnden Tierarzt, ist hier aussagekräftig. In diesem Fall sollten umgehend Aushänge im betroffenen Gebiet angebracht und Presse sowie Polizei informiert werden.

1

2

3

1. Auffallend farbige Beimengungen, wie hier in einem Hackfleischbällchen, können ein Hinweis auf enthaltenes Gift sein.

2. Giftköder können unterschiedliche Gestalt annehmen. In diesem Fall sind spitze Fremdkörper zu sehen.

3. Auch ihm Rahmen städtischer Schädlingsbekämpfung kann Rattengift – in Kästen gesichert – an Spazierwegen liegen.

Außerdem sollte man das betroffene Gebiet für Gassigänge zunächst einmal meiden. Auch ein Maulkorb, an den der Hund vorab gewöhnt wurde, kann vor der akuten Gefahr einer Giftköderaufnahme schützen. Möglicherweise noch herumliegende Köder sollten sofort entfernt werden.

Blinder Alarm

Leider gibt es immer wieder auch unbewusst oder vorsätzlich gestreute Giftköderwarnungen. Nicht selten werden Magen-Darm-Infekte oder andere Erkrankungen fälschlicherweise als Vergiftungsfälle interpretiert. Es gibt aber auch vorsätzliche Falschmeldungen, durch die versucht wird, Hundehalter zu verunsichern und zu anderen Gassirunden zu nötigen. Insofern ist es sinnvoll, den Wahrheitsgehalt von Gerüchten zu klären, indem man bei Polizei und Tierärzten nachfragt.

HINWEIS

Die Macher der Seite *www.giftkoeder-radar.com* veröffentlichen Warnungen, die auf ihren Wahrheitsgehalt durch Nachforschungen bei Polizei, Tierärzten und Veterinärämtern geprüft wurden. Die Nutzung ist auf dem Smartphone als App möglich und ist auch für die persönlichen Spazierstrecken zu filtern, indem eine Schutzzone von 25 km um einen gewählten Ort eingetragen werden kann.

Aus dem Alltag
Jessis Restaurantbesuch mit Vergiftung

Nach einem gemütlichen Abend im Biergarten folgten bei Familie Reinhardt Wochen voller Sorgen. Die kleine Hündin Jessi kämpfte um ihr Leben, nachdem sie versehentlich Rattengift aufgenommen hatte.

Familie Reinhardt war mit Freunden in einem beliebten Restaurant verabredet. Es war ein warmer Sommerabend und die Gesellschaft beschloss im Biergarten des Restaurants Platz zu nehmen. Auch ihre kleine Coton-de-Tuléar-Hündin Jessi war dabei. Sie war eine unauffällige und ruhige Begleiterin, die es sich unter dem Tisch auf der mitgebrachten Decke bequem machte. Auf dem Heimweg wirkte Jessi unauffällig, verrichtete ihre „Geschäfte" und legte sich beim Ins-Bett-Gehen wie immer in ihr Körbchen.

Zwei Nächte später jedoch wacht Frau Reinhardt auf, weil sie Jessi im Zimmer herumlaufen hört. Dann sieht sie, dass die Hündin aus der Nase blutet. Jessi signalisiert ihrem Frauchen, dass sie in den Garten möchte. Dort setzt die kleine Hündin flüssigen, blutigen Kot ab und bricht zusammen. Frau Reinhardt ruft sofort in der Tierklinik an, erstattet Bericht

und fährt mit der apathisch da liegenden Hündin los.

Bei Jessi wird sofort Blut abgenommen und eine Infusion angelegt. Die Ergebnisse der Blutuntersuchung lassen auf eine Vergiftung mit Rattengift schließen, da die Gerinnungszeit stark verlängert ist. Die Hündin hat zu diesem Zeitpunkt bereits Untertemperatur, ein Zeichen für ih-

ren lebensbedrohlichen Zustand. Schnell wird eine Bluttransfusion angelegt und Vitamin K verabreicht. Glücklicherweise verbessert sich ihr Zustand durch diese Behandlung rasch und die Hündin darf kurze Zeit später wieder im heimischen Körbchen schlafen.

Jessis Gesundheitszustand wird während der nächsten Tage und Wochen regelmäßig in der Klinik kontrolliert. Aufgrund der langen Wirkdauer des Rattengiftes muss sie über mehrere Wochen Vitamin K einnehmen. Als Familie Reinhardt der Vergiftungsursache nachgeht, findet sie im Biergarten des Restaurants eine Rattenköderbox, die der Schädlingsbekämpfer dort aufgestellt hatte. Jessi hatte sich unter dem Tisch während des Essens unbemerkt daran bedienen können. Die Box wird anschließend umgehend entfernt, um weiteren Vergiftungsfällen vorzubeugen.

Während der langen Behandlungsdauer wurde Jessi auch zu Hause intensiv gepflegt. Gerade zu Beginn war sie oft sehr schlapp.

NICHT GIFTIG, ABER TROTZDEM GEFÄHRLICH

Die scharfen Splitter von Geflügelknochen können ernste Verletzungen im Maul und im Magen-Darm-Trakt verursachen. Eine Aufnahme sollte daher unbedingt vermieden werden.

Gefährliche Stoffe kennen

„Alle Dinge sind Gift und nichts ist ohne Gift, allein die Dosis macht, dass ein Ding kein Gift ist." Dieser Ausspruch von Paracelsus, besser bekannt in seiner Kurzform: „Die Dosis macht das Gift", ist auch in der heutigen Zeit noch absolut gültig.

WAS IST GIFT?

Bestimmte Stoffe und Lebensmittel sind jedoch nicht nur aufgrund einer giftigen Wirkung für unsere tierischen Mitbewohner gefährlich, sondern können auf andere Art und Weise die Gesundheit schädigen. So sind viele für den Menschen alltägliche Lebensmittel für Hunde in größeren Mengen unverträglich. Das betrifft zum Beispiel Milchprodukte, wie Joghurt oder jungen Käse, in denen viel Laktose enthalten ist, da unsere Hunde den Milchzucker in der Regel nicht gut verdauen können. Ebenso können Kohlprodukte und Hülsenfrüchte Ursache von Verdauungsschwierigkeiten sein. Wiederum andere Lebensmittel sollten gemieden werden, um Infektionskrankheiten vorzubeugen. Nicht oder nur unzureichend gegartes Schweinefleisch kann das tödliche Aujeszky-Virus enthalten, doch auch bei verdorbenen Schulbroten und anderen verschimmelten oder mit Bakterien besiedelten Abfällen, die manch ein Hund auf dem Spaziergang aufliest, besteht das Risiko einer Infektion. Die Verletzungsgefahr, die von einigen Nahrungsmitteln und Spielzeugen ausgeht, sollte ebenfalls nicht unterschätzt werden. Geflügelknochen splittern beim Zerkauen, sodass die scharfen Splitter tiefe Verletzungen an Maul, Speiseröhre und Magen-Darm-Trakt hervorrufen können. Auch große Markknochen verkanten sich unter Umständen im Maul und müssen dann beim meist narkotisierten Vierbeiner wieder entfernt werden. Werden die Knochen in großen Teilen verschluckt, können sie, ebenso wie bestimmte Obstkerne, sogar zu einem Darmverschluss führen. So manches, das der Vierbeiner auf dem Spaziergang frisst, ist zwar grundsätzlich nicht giftig, kann aber mit

Kerne von Steinobst sind nicht nur giftig, wenn sie zerbissen werden, sondern können auch zu einem Darmverschluss führen.

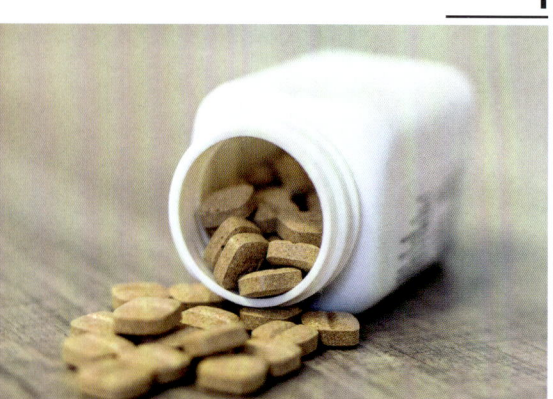

1

2

1. Aromatisierte Kautabletten sollten sicher aufbewahrt werden, um nicht in großer Menge gefressen zu werden.

2. Die Aufnahme von Schokolade oder Macadamianüssen führt oft erst einige Stunden später zu Krankheitserscheinungen.

giftigen Substanzen kontaminiert sein. Beispiele bilden Pferdekot, der Reste einer verabreichten Wurmkur enthalten kann, aber auch menschliche Hinterlassenschaften, die nicht nur Medikamentenrückstände, sondern unter Umständen auch Rückstände verschiedener Rauschmittel enthalten können. Jagende Hunde laufen zudem Gefahr, Ratten oder Mäuse zu fangen, die selbst Gift aufgenommen haben. Nicht zuletzt können auch vollkommen harmlose Nahrungsmittel zu gesundheitlichen Beschwerden führen, wenn der Vierbeiner an einer Allergie oder Nahrungsmittelunverträglichkeit leidet. Zusammenfassend muss man also zwischen giftigen Substanzen, unverträglichen Lebensmitteln, Lebensmitteln, von denen eine Infektionsgefahr ausgeht, Fremdkörpern, kontaminierten Stoffen sowie Substanzen, auf die der Vierbeiner allergisch reagieren kann, unterscheiden.

WO GIFTE ZU FINDEN SIND

Über 90 % aller Vergiftungsfälle gehen nicht etwa auf bösartige Giftköderanschläge zurück, sondern leider auf menschliche Fahrlässigkeit, die in Kombination mit der tierischen Neugier zu schwerwiegenden Erkrankungen des Hundes führen kann.

Häufige Vergiftungsursache sind dabei sowohl Schädlingsbekämpfungsmittel wie Insektizide und Rodentizide, zu denen auch das Rattengift zählt, sowie Giftpflanzen. Aber auch Human- und Tierarzneimittel sind schnell verschlungen. Insbesondere aromatisierte Kautabletten sind sehr verführerisch.

Insgesamt gibt es etwa 50 000 relevante Giftstoffe, sodass die folgende Tabelle nur die häufigsten Substanzen umfassen kann. Sollten Sie unsicher sein, ob ein bestimmter Stoff für Ihren Hund giftig ist, können bestimmte Internetdatenbanken

3

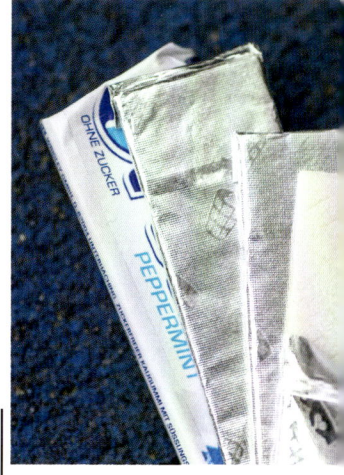

4

befragt werden. Für die Veterinärmedizin bietet die Internetseite *www.clinitox.ch* fundierte Informationen. Eine umfangreiche Übersicht findet man ebenfalls auf der englischsprachigen Seite *www.petpoisonhelpline.com*. Auch Giftinformationszentren können im Zweifelsfall telefonisch und im Internet weiterhelfen.

Ob die Aufnahme eines Stoffes letztendlich zu gesundheitlichen Schäden führt und welche Symptome im Speziellen gezeigt werden, hängt von zahlreichen Faktoren ab. Entscheidend sind dabei in erster Linie die aufgenommene Menge, die Art der Aufnahme sowie das Gewicht und der individuelle Gesundheitszustand des jeweiligen Tieres. Es ist daher möglich, dass nicht immer alle in der Tabelle beschriebenen Symptome beobachtet werden können, oder aber, dass andere oder auch gegenteilige Symptome auftreten.

Wie Sie die genannten Symptome konkret erkennen und die Vitalparameter Ihres Hundes kontrollieren, wird im nächsten Kapitel eingehend beschrieben. Die Zeit, die zwischen Aufnahme des giftigen Stoffes und dem Auftreten erster Symptome liegt, ist stark vom aufgenommenen Gift abhängig. Die Schwankungen sind dabei groß und können eine Diagnose erschweren. So treten erste Symptome bei der Aufnahme von Xylitol, Tabak oder Zeckenhalsbändern bereits nach einigen Minuten auf, während beim Fressen von Macadamianüssen oder Schokolade mehrere Stunden vergehen. Noch viel heimtückischer ist Rattengift, da die betroffenen Hunde erst mehrere Tage nach der Aufnahme Krankheitserscheinungen zeigen. Ein Extrem bildet die Aufnahme von Östrogenpräparaten, die erst drei bis vier Wochen später zu Symptomen führt.

3. Das Fressen von Trauben oder Rosinen kann bei einigen Hunden gesundheitsschädigend sein und sollte lieber vermieden werden.

4. Bereits wenige Minuten nach der Aufnahme von Xylitol, z. B. aus zuckerfreien Kaugummis, kann es zu ersten Symptomen kommen.

GIFTIGE STOFFE UND IHRE SYMPTOME

NAHRUNGS-MITTEL	ENTHALTENES GIFT	HÄUFIGE SYMPTOME
Alkohol, vergorenes Obst	Ethanol	Speicheln, Erbrechen, erhöhte Herz-/Pulsfrequenz, Schwäche, erniedrigte Körpertemperatur, Bewusstlosigkeit
Bioabfall, verschimmelte Nahrungsmittel	Mykotoxine wie Penitrem A und Roquefortin	Erbrechen, Durchfall, Zittern, Krämpfe, unkoordinierter Gang
Kaffee und Energiedrinks	Koffein	Erbrechen, erhöhte und unregelmäßige Herz-/Pulsfrequenz, erhöhte Körpertemperatur, Unruhe, Krämpfe, Bewusstlosigkeit
Lauchgewächse (z. B. Zwiebeln, Knoblauch)	N-Propyldisulfid, Allicin	Speicheln, Erbrechen, Durchfall, Bauchschmerzen, erhöhte Herz-/Pulsfrequenz, erhöhte Atemfrequenz, blasse Schleimhäute, aber teilw. gerötetes Zahnfleisch, Schwäche
Macadamianüsse	Unbekannt	Erbrechen, erhöhte Körpertemperatur, Schwäche, Zittern, unsicherer Gang, Bewegungsunlust, steife Gelenke
Rohe Nacht-schattengewächse (z. B. Tomate, Kartoffel, Aubergine)	Solanin	(Blutiges) Erbrechen, Durchfall, Schwäche, Orientierungsschwierigkeiten
Steinobstkerne (z. B. Aprikosen, Pflaumen, Pfirsiche)	Blausäure	Erbrechen, Durchfall, Atemnot, leuchtend rote Schleimhäute, große Pupillen, Krämpfe, unkoordinierter Gang

NAHRUNGS-MITTEL	ENTHALTENES GIFT	HÄUFIGE SYMPTOME
Schokolade	Theobromin	Erbrechen, erhöhte und unregelmäßige Herz-/Pulsfrequenz, erhöhte Atemfrequenz bis hin zum Atemstillstand, erhöhte Körpertemperatur, ungewohnt häufiger Urinabsatz, Unruhe, Zittern, Krämpfe, unkoordinierter Gang
Weintrauben, Rosinen, Traubentrester	Unbekannt	Appetitlosigkeit, Erbrechen, Durchfall, übermäßiges Trinken, ungewohnt häufiger Urinabsatz, ammoniakalischer Mundgeruch, Schwäche
Zuckerersatzstoffe	Xylitol/Xylit/Lignit/Birkenzucker/E967	Erbrechen, teerfarbener Kot, erhöhte Herz-/Pulsfrequenz, gelbe Schleimhäute, Schwäche, Zittern, Krämpfe

SUBSTANZEN AUS HAUS & GARTEN	ENTHALTENES GIFT	HÄUFIGE SYMPTOME
Antidepressiva	Z. B. Selektive Serotonin-Wiederaufnahmehemmer, Trizyklische Antidepressiva, Monoaminooxidase-Hemmer	Erbrechen, Durchfall, erhöhte Körpertemperatur, Unruhe, Zittern, Krämpfe, unkoordinierter Gang, Blindheit
Feuerwerkskörper	Schwefel, Schwarzpulver, Salpeter (Kaliumnitrat), Schwermetall-Beimengungen für die Flammenfärbungen	Erbrechen, blutiger Durchfall, Bauchschmerzen, flache Atmung, gelbe Schleimhäute, übermäßiges Trinken, ungewohnt häufiger Urinabsatz, ammoniakalischer Mundgeruch, Zittern, Krämpfe
Frostschutzmittel	Ethylenglykol	Erbrechen, Durchfall, Hecheln, übermäßiges Trinken, ungewohnt häufiger Urinabsatz (später ungewohnt seltener Urinabsatz), ammoniakalischer Mundgeruch, Schwäche, unkoordinierter Gang, Bewusstlosigkeit

SUBSTANZEN AUS HAUS & GARTEN	ENTHALTENES GIFT	HÄUFIGE SYMPTOME
Herz-medikamente	ACE-Hemmer	Übermäßiges Trinken, ungewohnt häufiger Urinabsatz, Schwäche, Bewusstlosigkeit
Insekten-bekämpfungsmittel	Organophosphate, Carbamate	Speicheln, (blutiges) Erbrechen, Durchfall, Bauchschmerzen, erniedrigte Herz-/Pulsfrequenz, Atembeschwerden, erniedrigte Körpertemperatur, ungewohnt häufiger Urinabsatz, kleine Pupillen, tränende Augen, Schwäche, Zittern, Krämpfe, unkoordinierter Gang
Östrogen-präparate	Östrogen	Blutungen (z. B. als Petechien auf den Schleim-häuten, Blutung aus der Nase, blutiger Durchfall, blutiges Erbrechen), blasse Schleimhäute, Schwäche, Infektanfälligkeit
Pferdeäpfel	Ivermectin	Besonders Hunde mit MDR1-Defekt: Speicheln, Atembeschwerden, große Pupillen, Zittern, Krämpfe, unkoordinierter Gang, Bewusstlosigkeit
Ratten- und Mäusegift	Z. B. Cumarin	Blutungen (z. B. als Petechien auf den Schleimhäuten, Blutung aus der Nase, blutiger Durchfall, blutiges Erbrechen), Blutergüsse, Atemnot, erniedrigte Körper-temperatur, übermäßiges Trinken, Schwäche
Schlaf- und Beruhigungsmittel	Z. B. Benzodiazepine	Erbrechen, flache Atmung, verminderte Kapillarfüllungszeit, unkoordinierter Gang, starke Schläfrigkeit, Bewusstlosigkeit
Schmerzmittel	Z. B. Ibuprofen, Diclofenac, Paracetamol u. a.	Appetitlosigkeit, (blutiges) Erbrechen, Durchfall, teerfarbener Kot, Bauchschmerzen, übermäßiges Trinken, ungewohnt häufiger Urinabsatz, Schwäche, Krämpfe

SUBSTANZEN AUS HAUS & GARTEN	ENTHALTENES GIFT	HÄUFIGE SYMPTOME
Schneckenbekämpfungsmittel (Schneckenkorn)	Metaldehyd	Speicheln, Durchfall, Erbrechen, gelbe Schleimhäute, erhöhte Körpertemperatur, große Pupillen, Unruhe, Krämpfe, unkoordinierter Gang, Bewusstlosigkeit
Tabak	Nikotin	Zunächst erniedrigte Herz-/Pulsfrequenz, erniedrigte Atemfrequenz, dann Speicheln, Erbrechen, Durchfall, erhöhte Atemfrequenz, Tränen der Augen, ungewohnt häufiger Urinabsatz, Unruhe, Zittern, Krämpfe, unkoordinierter Gang, Bewusstlosigkeit
Unkrautbekämpfungsmittel	z. B. Chlorate, Dinitrophenole	Appetitlosigkeit, Speicheln, Erbrechen, Durchfall, Bauchschmerzen, erhöhte Herz-/Pulsfrequenz, erhöhte Atemfrequenz, bei Chloraten: schokoladenfarbenes Blut, bei Dinitrophenolen: erhöhte Körpertemperatur
Zerkaute Floh-/ Zeckenhalsbänder	Amitraz	Speicheln, Erbrechen, erniedrigte Herz-/Pulsfrequenz, erniedrigte Körpertemperatur, ungewohnt häufiger Urinabsatz, große Pupillen, Schwäche, Krämpfe, unkoordinierter Gang, Bewusstlosigkeit

HAUS- & GARTENPFLANZEN	ENTHALTENES GIFT	HÄUFIGE SYMPTOME
Amaryllis, Ritterstern	Lycorin	Erbrechen, Durchfall, Krämpfe, unkoordinierter Gang, Bewusstlosigkeit
Buchsbaum	Verschiedene Alkaloide	Erbrechen, Krämpfe
Dieffenbachie, Schweigrohr	Dumbcain, cyanogene Glykoside	Speicheln, Erbrechen, Durchfall, Atemnot, angeschwollene und schmerzende oder juckende Maulschleimhaut, leuchtend rote Schleimhäute, große Pupillen, Krämpfe, unkoordinierter Gang

HAUS- & GARTENPFLANZEN	ENTHALTENES GIFT	HÄUFIGE SYMPTOME
Efeu	α-Hederin, Falcarinol	Speicheln, Erbrechen, Durchfall, erhöhte Herz-/Pulsfrequenz, Atemstillstand, schmerzende Maulschleimhaut, Krämpfe, Bewusstlosigkeit, bei Berührung der Haut: Rötung, Wärme, Schwellung, Schmerzen
Eibe	Taxin B	Speicheln, Erbrechen, erniedrigte Herz-/Pulsfrequenz, Atembeschwerden, große Pupillen, Schwäche, Zittern, Krämpfe, Bewusstlosigkeit
Engelstrompete	Atropin, Hyoscyamin, Scopolamin	Erbrechen, verminderter Kotabsatz bis Verstopfung, erhöhte Herz-/Pulsfrequenz, Atembeschwerden, erhöhte Körpertemperatur, große Pupillen, Unruhe, Schwäche, Zittern, Krämpfe, unkoordinierter Gang, Desorientiertheit
Ficus, Gummibaum	Furocumarine, Flavonoide	Appetitlosigkeit, Speicheln, Erbrechen, Durchfall, bei Berührung der Haut: Rötung, Wärme, Schwellung, Schmerzen
Fingerhut	Herzwirksame Glykoside	Speicheln, Erbrechen, unregelmäßige Herz-/Pulsfrequenz, große Pupillen, Schwäche, Zittern, Krämpfe, Bewusstlosigkeit
Herbstzeitlose	Colchicin	Appetitlosigkeit, Speicheln, (blutiges) Erbrechen, (blutiger) Durchfall, teerfarbener Kot, Bauchschmerzen, Schluckbeschwerden, Atembeschwerden bis Atemlähmung, Krämpfe
Ilex, Stechpalme	Triterpene, Saponine	Appetitlosigkeit, Speicheln, Erbrechen, Durchfall, Kopfschütteln oder Schlagen mit dem Kopf

HAUS- & GARTENPFLANZEN	ENTHALTENES GIFT	HÄUFIGE SYMPTOME
Maiglöckchen	Herzwirksame Glykoside	Speicheln, Erbrechen, unregelmäßige Herz-/Pulsfrequenz, Schwäche, Zittern, Krämpfe, Bewusstlosigkeit
Oleander	Herzwirksame Glykoside	Speicheln, Erbrechen, unregelmäßige Herz-/Pulsfrequenz, Schwäche, Zittern, Krämpfe, Bewusstlosigkeit
Thuja, Lebensbaum	Thujon	Erbrechen, Durchfall, gelbe Schleimhäute, übermäßiges Trinken, ungewohnt häufiger Urinabsatz, Krämpfe, bei Berührung der Haut: Rötung, Wärme, Schwellung, Schmerzen

TIERE & NATUR	ENTHALTENES GIFT	HÄUFIGE SYMPTOME
Amphibien wie Erd-, Kreuz- und Wechselkröten, Teich-, Berg-, Faden- und Kammmolche, Alpen- und Feuersalamander sowie deren Laich	Biogene Amine, membranschädigende Peptide, neurotoxische Alkaloide, Steroide mit Digitalis-ähnlicher Wirkung	Erbrechen, Durchfall, Atembeschwerden bis Atemlähmung, Hornhauttrübung, Krämpfe, unkoordinierter Gang
Insekten wie Bienen, Hornissen, Wespen	Biogene Amine, membranschädigende Peptide, neurotoxische Proteine, Hyaluronidase, Phospholipase A_2	Hautrötung, Schwellung, Schmerzen, allergische Reaktionen mit Atembeschwerden
Raupen des Eichenprozessionsspinners	Phospholipase A_2	Juckreiz, gerötete und tränende Augen, Atembeschwerden
Stehende Gewässer	Blaualgen/ Cyanobakterien: β-Methylaminoalanin, Microcystine	Erbrechen, (blutiger) Durchfall, teerfarbener Kot, Atembeschwerden, blasse oder gelbe Schleimhäute, Schwäche, Zittern, Krämpfe, Orientierungsschwierigkeiten, Bewusstlosigkeit

SCHOKOLADE

Da es sich bei der Aufnahme von Schokolade gerade in der Oster- oder Weihnachtszeit um ein sehr weit verbreitetes Problem handelt, soll diese Tabelle eine Orientierung bieten, ab welcher Menge mit einer Gesundheitsgefahr zu rechnen ist. Die Angaben in der Tabelle beziehen sich auf einen 10 kg schweren Hund. Alternativ bieten Apps, wie z. B. VetFinder, einen Schoko-Rechner an. Es ist jedoch zu beachten, dass einzelne Individuen auch schon bei einer geringeren Dosis Symptome entwickeln können, sodass im Zweifel immer ein Tierarzt kontaktiert werden sollte.

SYMPTOME	VOLLMILCH-SCHOKOLADE 1,5 – 2 mg Theobromin pro g Schokolade	KOCH-SCHOKOLADE/KUVERTÜRE 14 – 16 mg Theobromin pro g Schokolade	ZARTBITTER-SCHOKOLADE 70 % 20 mg Theobromin pro g Schokolade	ZARTBITTER-SCHOKOLADE 90 % 26 mg Theobromin pro g Schokolade
Milde Symptome (ab ca. 20 mg Theobromin pro kg Körpergewicht)	100 g	13 g	10 g	7 g
Lebens-bedrohliche Symptome (ab ca. 50 mg Theobromin pro kg Körpergewicht)	300 g	33 g	30 g	23 g
Tödliche Dosis (ca. 100 – 500 mg Theobromin pro kg Körpergewicht)	500 g	66 g	50 g	38 g

NEUGIERIGE WELPEN

Nicht nur Hände werden von Welpenzähnen oft angeknabbert. Auch Haushaltsreiniger und Nahrungsmittel fallen einem neugierigen Welpen schnell zum Opfer, wenn sie nicht sicher verstaut werden.

EINE VERGIFTUNG ERKENNEN

UND RICHTIG HELFEN

Häufige Symptome

Im Vergiftungsfall ist schnelle Hilfe oft lebensrettend. Um dem geliebten Vierbeiner bestmöglich helfen zu können, ist es nicht nur wichtig, Symptome zu erkennen, sondern auch, im Notfall richtig zu reagieren.

W ährend im vorangegangenen Kapitel bereits eine Tabelle der häufigsten Giftstoffe sowie der jeweiligen Symptome in Kurzform abgebildet ist, soll hier noch einmal detaillierter auf die möglichen Symptome eingegangen werden. Wie die einzelnen Krankheitserscheinungen dann konkret erfasst werden, also beispielsweise die Vitalwerte beim eigenen Vierbeiner kontrolliert werden können, wird auf den nachfolgenden Seiten Schritt für Schritt erläutert.

Giftstoffe können unterschiedliche Organe schädigen und deren Funktion auf vielfältige Art und Weise einschränken. Daher sind die Symptome einer Vergiftung je nach Art des Giftes, Art der Giftaufnahme und Menge des aufgenommenen Giftstoffes sehr unterschiedlich. Zudem können die genannten Symptome auch bei vielen anderen Erkrankungen auftreten. Die Verwechslungsgefahr mit einer Vergiftung ist groß, sodass im Zweifel immer ein Besuch beim Tierarzt anzuraten ist. Betrachtet man die riesige Anzahl potenziell giftiger Stoffe, wird klar, dass es sich im Folgenden nur um eine Auswahl der häufigsten Symptome handeln kann. Je nach Art des Giftes kann der Hund auch andere Krankheitszeichen oder sogar das genaue Gegenteil der aufgeführten Symptome zeigen.

ALLGEMEINES BEFINDEN

Die Spannweite der Symptome ist hier besonders groß. Teilweise wird nur eine leichte Unruhe bemerkt, manche Hunde zeigen jedoch auch starke Erregungszustände. Auf der anderen Seite ist es hingegen auch möglich, dass der Vierbeiner plötzlich apathisch wirkt oder gar bewusstlos wird. Die Körpertemperatur kann abfallen oder aber erhöht sein.

MAGEN-DARM-TRAKT

Ein aufgekrümmter Rücken, ähnlich einem Katzenbuckel, deutet auf heftige Bauchschmerzen hin, ebenso wie eine Vorderkörpertiefstellung. Diese sollte nicht mit einer Vorderkörpertiefstellung, die häufig als Spielaufforderung gezeigt wird, oder dem normalen Strecken des Hundes, nachdem er länger lag, verwechselt werden. Nicht selten verursachen Vergiftungen auch starkes Speicheln, Erbrechen oder Durchfall, unter Um-

Eine Vielzahl an Giftstoffen kann dazu führen, dass der Hund plötzlich sehr stark speichelt.

ständen auch mit Blutbeimengungen. Plötzlich auftretender Mundgeruch verdient ebenso Beachtung wie ein deutlich gesteigerter oder aber verminderter Appetit.

HERZ-KREISLAUF-SYSTEM UND LUNGE

Viele Vergiftungen führen zu einem unregelmäßigen Herzschlag bzw. Puls oder aber zu Atembeschwerden bis hin zur Atemnot. Ein schlechter Kreislaufzustand sowie Erkrankungen innerer Organe spiegeln sich zumeist an einer veränderten Farbe der Schleimhäute wider.

NERVENSYSTEM UND BEWEGUNGSAPPARAT

In vielen Fällen sind auch das Nervensystem und der Bewegungsapparat von einer Vergiftung betroffen. Dies kann sich in Form von epileptischen Anfällen, Krämpfen der Muskulatur oder Muskelzittern äußern. Manchmal fällt auch auf, dass der Vierbeiner plötzlich Schwierigkeiten bei der Fortbewegung hat und sprichwörtlich über seine eigenen Beine stolpert. Auch das Abschlucken

von Futter kann beeinträchtigt sein. Bei einem Blick in die Augen sind unabhängig von den Lichtverhältnissen teils auffallend große oder kleine Pupillen zu sehen.

HARNTRAKT

Übermäßiger Durst kann auf ein Nierenversagen hindeuten und durch eine Vergiftung verursacht werden. Trinkt der Hund bei normaler Wetterlage plötzlich deutlich mehr (> 90 ml/kg/Tag) oder aber deutlich weniger < 40 ml/kg/Tag) als normal, sollte ein Tierarzt zu Rate gezogen werden. Im Vergiftungsfall kann auch ungewohnt häufiges oder stark vermindertes Absetzen von Urin, unter Umständen mit Blutbeimengungen, beobachtet werden.

Zusammenfassend kann man feststellen, dass bei plötzlichem Auftreten von Symptomen jeglicher Art ein Vergiftungsverdacht oft schnell im Raum steht. In vielen Fällen bestätigt sich dies später jedoch nicht. Daher empfiehlt es sich, im Verdachtsfall Ruhe zu bewahren und den Vierbeiner zügig beim Tierarzt vorzustellen, damit dieser mit einer passenden Therapie helfen kann.

Vitalwerte überprüfen

Um die vielfältigen Symptome einer potenziellen Vergiftung beim eigenen Vierbeiner möglichst früh zu bemerken, ist es hilfreich, die wichtigsten Vitalwerte überprüfen zu können. Im Krankheitsfall ist die Aufregung sowohl beim Hund, besonders aber auch beim Menschen groß, sodass es hilfreich ist, zuvor eine gewisse Routine zu erlernen.

E s bietet sich an, bereits beim gesunden Hund in regelmäßigen Abständen die Vitalwerte zu erheben. So bekommt man Routine, im Notfall fallen Abweichungen von den Normalwerten des Vierbeiners leichter ins Auge, und der Hund ist zudem entspannter, wenn er das Handling bereits zuvor positiv erlernen durfte. Nicht zuletzt helfen diese

> Die normale Atemfrequenz eines Hundes liegt in der Ruhe bei etwa 15 – 30 Atemzügen pro Minute.

Maßnahmen natürlich nicht nur im Vergiftungsfall, sondern können auch bei jeder anderen Erkrankung dafür sorgen, dass unsere Hunde Untersuchungen beim Tierarzt gelassen meistern. Unter dem Begriff „Medical Training" erhalten Sie im Internet und auch in zahlreichen Büchern wertvolle Trainingstipps. Sollte Ihr Hund Probleme bei bestimmten Berührungen haben, hilft Ihnen ein/-e auf Verhaltensmedizin spezialisierte/-r Tierarzt/-ärztin oder ein/-e auf Basis der positiven Verstärkung arbeitende/-r Hundetrainer/-in weiter.

ATMUNG

Diese Übung ist für unsere Hunde sehr leicht, kann aber für den Menschen recht herausfordernd sein. Zur Kontrolle der Atmung beobachtet man den Vierbeiner aus geringer Entfernung. Er darf dabei stehen, aber auch liegen oder gar schlafen. Besonders gut ist das Heben und Senken des Brustkorbs im hinteren Bereich

Auch starkes Hecheln kann ein Symptom sein.

der Rippen zu sehen. Beim stehenden Hund sieht man es von schräg hinten am besten. Möchte man nun die Atemfrequenz bestimmen, gilt das Heben und Senken des Brustkorbs gemeinsam als ein Atemzug. Zählt man nun über eine Minute die Atemzüge, erhält man die Atemfrequenz. Schneller, wenn auch etwas weniger genau, ist die Zählung der Atemzüge über 15 Sekunden. Dieser Wert wird anschließend mit vier multipliziert, sodass auch hier wiederum die Atemzüge pro Minute angegeben werden. Hunde großer Rassen atmen normalerweise etwa 10 – 20 Mal pro Minute, während Hunde kleiner Rassen mit 20 – 40 Atemzügen pro Minute häufiger atmen. Nicht verwechseln sollte man normale Atemzüge mit Hecheln. Sind die Temperaturen draußen nicht besonders hoch und Ihr Hund ist weder gestresst noch hat er sich körperlich verausgabt, ist Hecheln ungewöhnlich und kann ebenfalls auf eine Erkrankung oder Vergiftung hindeuten.

KÖRPERTEMPERATUR

Die Körpertemperatur unserer Hunde steigt bei Aufregung häufig an. Bei sehr großer Aufregung, die bei manchen Hunden z. B. durch den Besuch beim Tierarzt ausgelöst wird, können durchaus Temperaturen erreicht werden, die mit Fieber zu verwechseln sind. Daher ist es hilfreich, bereits zu Hause die Temperatur des Vierbeiners zu kontrollieren. Fieberthermometer mit einer flexiblen, biegsamen Spitze können die Verletzungsgefahr bei plötzlichen Bewegungen reduzieren. Ein zuverlässiger Wert wird in erster Linie durch eine rektale Messung der Körpertemperatur erreicht. Eine trockene, warme Nase muss kein Fieber bedeuten, umgekehrt können auch Hunde mit einer kühlen, feuchten Nase Fieber haben. Auch ein Fühlen der Körpertemperatur mit der Hand kann niemals so exakt sein wie das Messen mit dem Thermometer.

Wie auch bei der Atemfrequenz gibt es Unterschiede hinsichtlich der Größe des Hundes: Kleinere Rassen können eine etwas höhere Körpertemperatur aufweisen als große.

Trinkt der Vierbeiner plötzlich viel größere Mengen als gewohnt, sollte dies ernst genommen werden.

Die normale Körpertemperatur eines Hundes liegt bei etwa 38,0 – 39,0 °C.

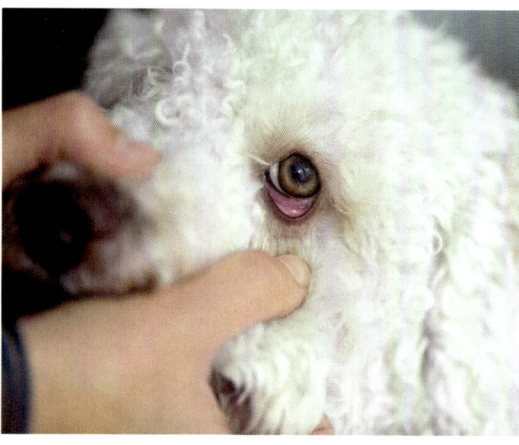

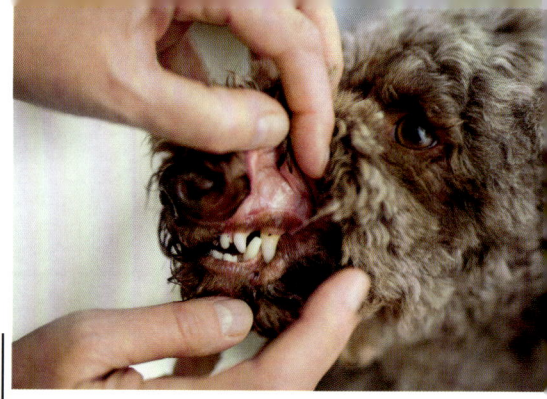

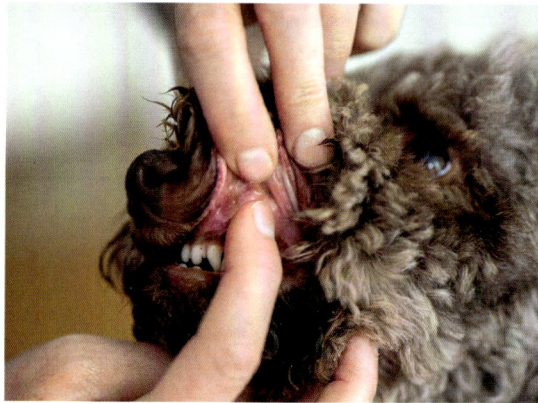

1. Zieht man das Augenlid herunter, kann man die Farbe der Schleimhäute sehen.

2. Das Zahnfleisch mancher Hunde ist teilweise dunkel pigmentiert.

3. Durch kurzen Druck auf das Zahnfleisch wird die Kapillarfüllungszeit geprüft.

SCHLEIMHÄUTE

Anhand der Farbe der Schleimhäute kann man nicht nur ablesen, wie es um den Kreislauf des Hundes bestellt ist, sie kann auch zahlreiche andere wertvolle Hinweise liefern. Normalerweise sind die Schleimhäute blassrosa- bis rosafarben, Abweichungen davon können auf schwerwiegende Erkrankungen und unter Umständen auch auf Vergiftungen hindeuten. Während bei Blutverlust oder einem Schock die Schleimhäute sehr blass bis weißlich erscheinen können, kann es bei starkem Sauerstoffmangel zu einer Blauverfärbung kommen. Doch auch gelbliche Schleimhäute sollten Anlass geben, den Vierbeiner unverzüglich beim Tierarzt vorzustellen, da die Leber schwer erkrankt

sein kann. Punktförmige Blutungen auf den Schleimhäuten, sogenannte Petechien, sind ein Hinweis auf Störungen der Blutgerinnung. Dies ist z. B. nach der Aufnahme von Rattengift der Fall.

Die Farbe der Schleimhäute kann sowohl an den Augenbindehäuten als auch am Zahnfleisch begutachtet werden. Abhängig von der Fellfarbe haben manche Vierbeiner pigmentiertes Zahnfleisch. Dieses kann dann entweder schwarz gescheckt oder aber fast einheitlich dunkel sein, sodass die Farbe nur noch schwer zu beurteilen ist. Zu einer Verfälschung der Farbe kann es auch kommen, wenn die Bindehäute oder auch das Zahnfleisch entzündet sind. Eine Beurteilung ist dann nicht oder nur sehr eingeschränkt möglich.

> Die Schleimhäute eines Hundes sollten normalerweise blassrosa- bis rosafarben sein. Die Kapillarfüllungszeit beträgt bei einem gesunden Hund weniger als zwei Sekunden.

4

4. Der Puls eines Hundes kann mit etwas Übung und Fingerspitzengefühl an der Oberschenkelarterie gefühlt werden.

Die sogenannte Kapillarfüllungszeit erlaubt Rückschlüsse auf den Kreislaufzustand des Vierbeiners. Um sie zu überprüfen, wird eine Lefze angehoben, sodass das Zahnfleisch betrachtet werden kann. Drückt man nun mit der Zeigefingerkuppe kurz und kräftig auf das Zahnfleisch, wird ein weißer Abdruck sichtbar, da der Druck das Blut aus den Gefäßen (Kapillaren) verdrängt hat. Bei einem gesunden Hund verschwindet dieser Abdruck nach weniger als zwei Sekunden wieder, indem sich die Kapillaren erneut mit Blut füllen, sobald man den Finger wegnimmt. Bei einem schlechten Kreislaufzustand dauert die erneute Füllung wesentlich länger, sodass der weiße Abdruck lange zu sehen ist.

PULSFREQUENZ

Für den Laien ist es nicht ganz leicht, den Puls zu ertasten, da man die richtige Stelle nicht immer auf Anhieb findet. Auch hier gilt: Übung macht den Meister. Man kann den Puls an der Oberschenkelarterie fühlen, die an der Innenseite des Oberschenkels liegt. Sie wird am besten erreicht, indem der Handballen von außen kommend auf den Oberschenkel des Hundes gelegt wird. Die Finger umgreifen dann, mit Ausnahme des Daumens, die vordere Kontur des Oberschenkels, sodass die Fingerkuppen auf der Arterie liegen, die sich in einer Vertiefung zwischen zwei Muskeln befindet. Durch leichten Druck kann der Puls gefühlt werden. So kann man nicht nur die Pulsfrequenz pro Minute zählen, sondern auch überprüfen, wie kräftig der Puls zu fühlen ist. Dies ist bei jedem Vierbeiner etwas unterschiedlich.

Alternativ kann man den Herzschlag unmittelbar auf dem vorderen linken Brustkorb fühlen, indem man dort die flache Hand auflegt. Dies ist jedoch nicht bei jedem Hund möglich, abhängig vom Körperbau und Ernährungszustand.

Hunde kleiner Rassen können eine Pulsfrequenz von bis zu 180 Schlägen pro Minute zeigen, während die Frequenz mit 140 Pulsschlägen pro Minute bei Hunden großer Rassen niedriger ist. Welpen können sogar eine normale Pulsfrequenz von 220 Schlägen pro Minute haben.

> Die normale Pulsfrequenz eines Hundes beträgt durchschnittlich 60–160 Schläge pro Minute.

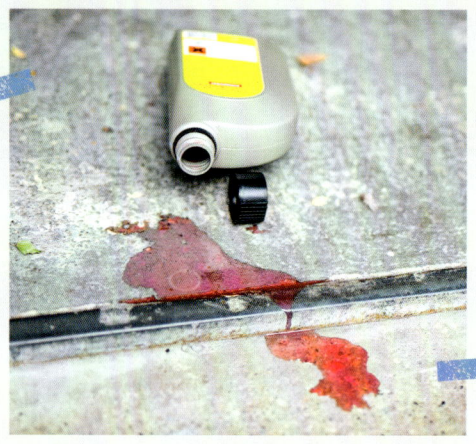

SCHNELLE ENTFERNUNG DES GIFTES

Giftige Stoffe sollten mit lauwarmem Wasser zügig
aus dem Fell gespült werden, um eine weitere Aufnahme
über die Haut des Hundes zu verhindern.

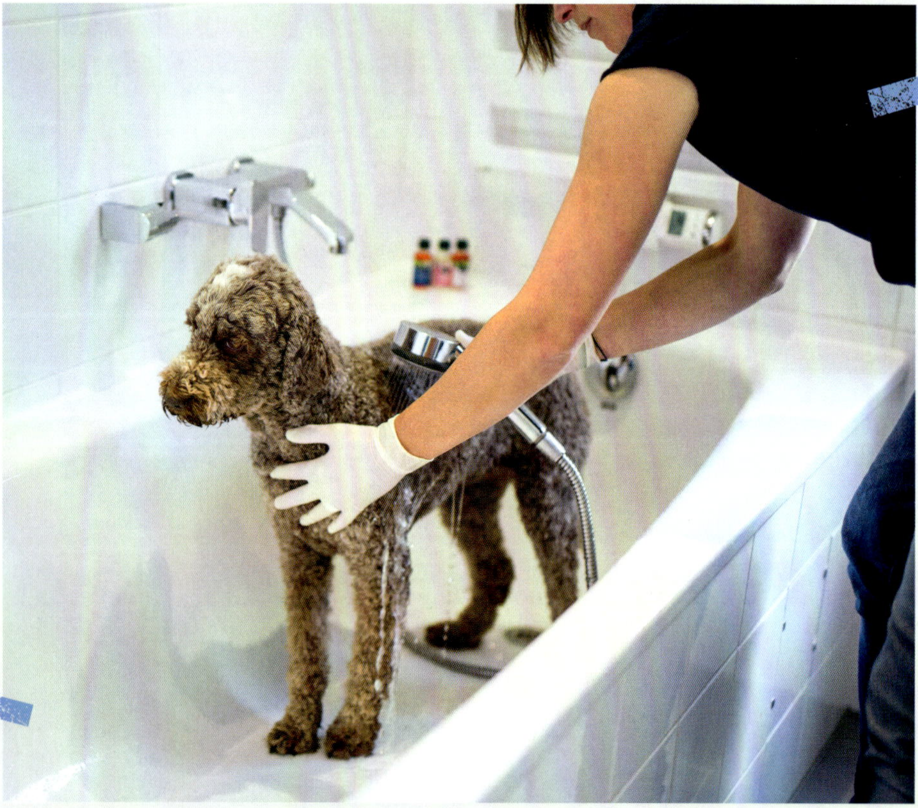

───────

Erste-Hilfe-Maßnahmen

Da es sich bei einer Vergiftung immer um einen unvorhergesehenen Notfall handelt, ist es sinnvoll, auf diese Situation vorbereitet zu sein. Es kann helfen, bereits im Voraus die Telefonnummer der Tierarztpraxis oder der Tierklinik im Handy zu speichern.

Zudem ist es sinnvoll, sich über die Öffnungszeiten sowie über die Zuständigkeit im Notdienst zu informieren. Bei jedem Verdacht auf eine Vergiftung sollte der Tierarzt kontaktiert werden. Selbst wenn sich im weiteren Verlauf herausstellen sollte, dass es sich nicht um einen Vergiftungsfall handelt, sollte die zugrunde liegende Erkrankung des Hundes behandelt werden. Die Redewendung „Vorsicht ist besser als Nachsicht" trifft hier absolut zu. In jedem Fall ist es sinnvoll, die Tierarztpraxis vorher telefonisch zu informieren, bevor man sich auf den Weg macht. So können bereits wichtige Fragen geklärt und in der Praxis die nötigen Vorbereitungen getroffen werden.

Auch wenn der Verdacht einer Vergiftung gegeben ist, gilt es zunächst einmal Ruhe zu bewahren. Trotzdem sollte zügig gehandelt werden, um keine Zeit zu verlieren.

DEKONTAMINATION

Wenn sich der Giftstoff noch auf oder im Fell des Vierbeiners befindet, sollte der Stoff schnellstmöglich mit viel lauwarmem Leitungswasser ausgespült werden. Auch die Augen oder Schleimhäute können bei Giftkontakt über mindestens zehn Minuten mit Leitungswasser gespült werden. Pulverförmige Giftstoffe sollten allerdings eher ausgebürstet oder abgesaugt werden. Denken Sie bitte trotz der Aufregung daran, sich mit Handschuhen, Schutzkleidung und – sofern vorhanden – mit einer Schutzbrille zu schützen. Niemals sollten organische Lösungsmittel, Säuren oder Laugen zur Reinigung des Fells verwendet werden, da diese Stoffe gesundheitsschädigend sein können. Sollte das Fell durch den Giftstoff verklebt sein, kann es erforderlich sein, die betreffenden Areale vorsichtig zu scheren. Dabei sollte die Haut als natürliche Schutzbarriere nicht verletzt werden.

In der stabilen Seitenlage sollte der Kopf des Hundes etwas tiefer liegen als der Körper.

ATEMWEGE FREI HALTEN

Je nach Art des aufgenommenen Giftes kann es sein, dass der Hund sich erbricht. Sollte er auch bewusstlos sein, ist es besonders wichtig, die Atemwege frei zu halten. Am besten gelingt dies, wenn der Hund in die stabile Seitenlage gebracht wird. Dazu liegt der Hund auf der rechten Seite und das Maul bildet den tiefsten Punkt, sodass Erbrochenes der Schwerkraft folgend abfließen kann. Der Kopf sollte leicht überstreckt werden, das Maul geöffnet sein und die Zunge etwas herausgezogen werden. Befindet sich der Vierbeiner zusätzlich in einem Schock, kann der hintere Körperbereich unterstützend etwas höher gelagert werden.

Um die Atemwege frei zu halten, sollte bei Erbrechen niemals eine Maulschlaufe verwendet werden.

KÖRPERTEMPERATUR REGULIEREN

Während manche Giftstoffe zur Folge haben, dass die Körpertemperatur ansteigt, kann sie bei anderen Stoffen auch absinken. Sie können Ihrem Vierbeiner helfen, indem Sie ihn entweder mit Decken wärmen oder aber ihm mit kühlen Handtüchern an Pfoten und Bauch Erleichterung verschaffen.

DER KRAMPFENDE HUND

Wenn der Vierbeiner plötzlich krampfen sollte, kann darauf zu Hause zunächst einmal wenig Einfluss genommen werden. Ein Ansprechen, Streicheln oder Festhalten des Hundes kann sogar zu einer Verschlimmerung führen, da der krampfende Hund zwar nicht ansprechbar ist, aber dennoch empfindlich auf Geräusche und Berührungen reagieren kann. Da krampfende Tiere sich unvorhergesehen und teilweise heftig bewegen können, sollten scharfkantige Gegenstände aus der Umgebung entfernt werden, um Verletzungen zu vermeiden. Auch während des möglichst stressarmen Transports zur Tierarztpraxis ist auf eine sichere Umgebung zu achten, eine zweite Person ist während der Fahrt sehr hilfreich. Beim Tierarzt kann Ihrem Hund dann medikamentös geholfen werden.

DER TRANSPORT ZUM TIERARZT

Auf dem Weg zum Tierarzt sollte der erkrankte Hund immer angeleint werden, da er in dieser speziellen Situation unvorhersehbar reagieren könnte. Wenn Ihr Vierbeiner laufen kann, sollte er dies auch tun dürfen. Ein bewusstloser Hund hingegen sollte in der stabilen Seitenlage transportiert werden. Es ist ratsam, sich – sofern möglich – fahren zu lassen und den Hund während der Fahrt selbst zu beaufsichtigen.

TABUS

Auf keinen Fall sollte man versuchen, den Hund selbst zu Hause erbrechen zu lassen. Es geht nicht nur wertvolle Zeit verloren, sondern die Mittel, die zum Erbrechen eingesetzt werden, können weit mehr Schaden anrichten als Nutzen. Hat der Hund einen Giftstoff aufgenommen, der Schaum bildet, kann es beim Auslösen von Erbrechen zu einer lebensbedrohlichen Verlegung der Atemwege kommen, das heißt, die Atemwege sind blockiert. Des Weiteren kann der Hund Erbrochenes einatmen, wodurch eine Lungenentzündung ausgelöst werden kann. Das Einflößen von Flüssigkeiten wie Milch oder pflanzliche Öle sollte ebenfalls vermieden werden. Fettlösliche Gifte werden auf diese Weise um ein Vielfaches schneller aufgenommen. In der Tierarztpraxis stehen risikoärmere Medikamente zur Verfügung, die Erbrechen beim Hund auslösen können, sofern dies therapeutisch notwendig ist.

Eine Rettungsdecke kann bei einem Abfall der Körpertemperatur vor Auskühlung schützen.

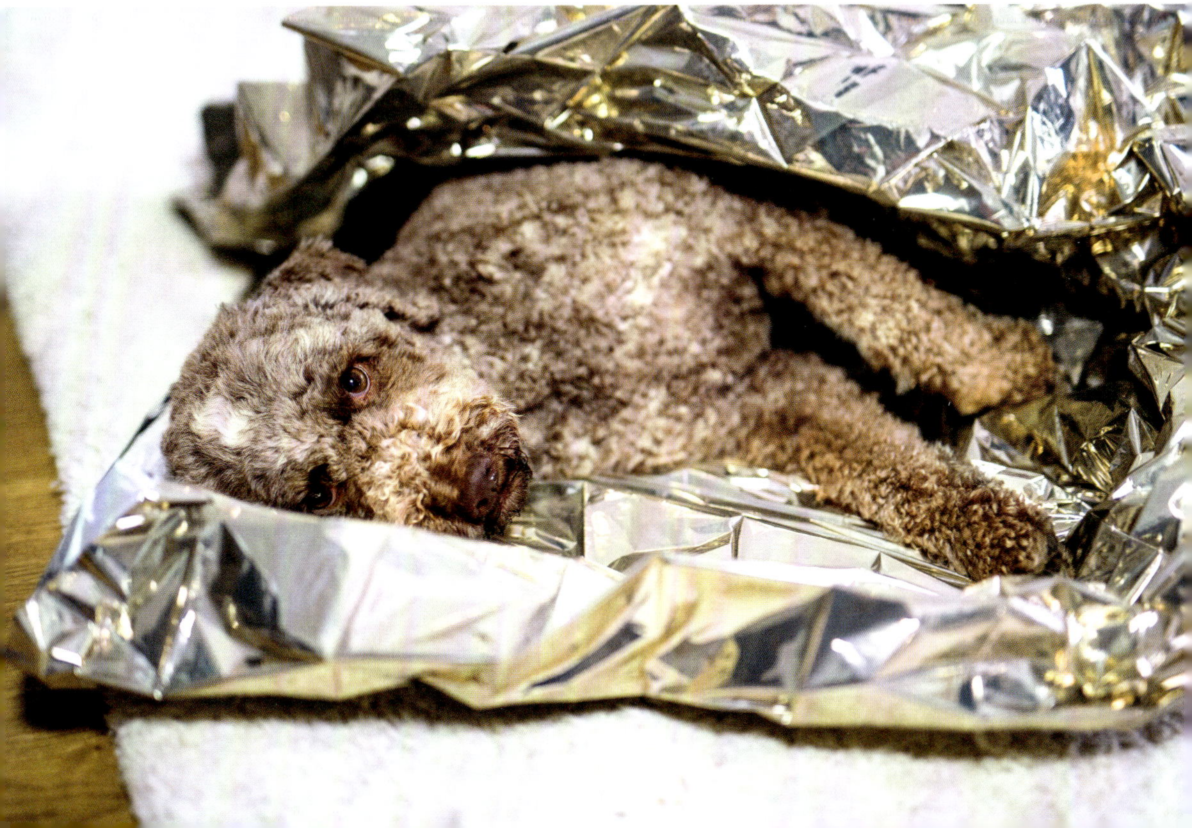

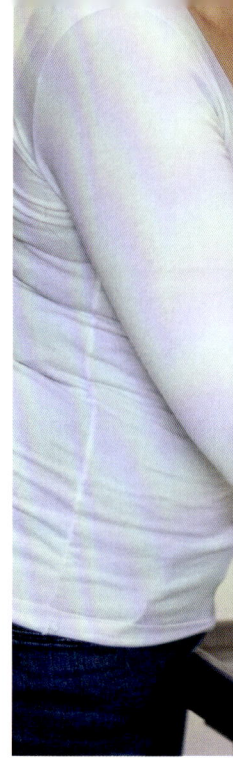

Beim Tierarzt

Wenn Sie die Tierarztpraxis bereits im Vorfeld über Ihr Kommen informieren, können am Telefon schon einige wichtige Punkte geklärt werden.

1

Um dem Verdacht einer Vergiftung und gegebenenfalls der Art der Vergiftung auf die Spur zu kommen, gilt es zunächst zu klären, ob Ihr Hund unbeaufsichtigt war. Wenn ja, wo und wie lange? Um dann weiter entscheiden zu können, ob eine Vergiftung vorliegt und ob die Symptome zu dem möglicherweise aufgenommenen Giftstoff passen, schildern Sie so genau wie möglich, welche Symptome Sie bei Ihrem Vierbeiner beobachtet haben. Seit wann zeigt Ihr Hund diese Symptome? Ist es in den letzten Stunden besser oder schlechter geworden? Eine Zuordnung der Symptome kann teilweise erschwert sein, wenn es sich um Gifte handelt, die erst mehrere Tage später Symptome hervorrufen. Zudem können Anzeichen übersehen werden, wenn der Hund sich zurückzieht oder aber länger allein gelassen wird.

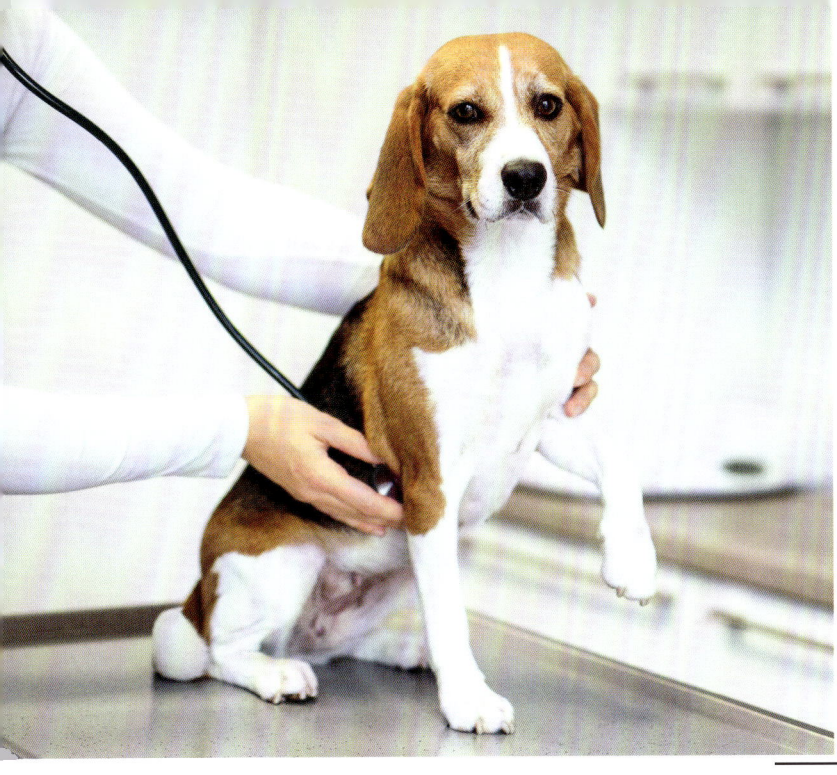

WELCHE STOFFE IN WELCHER MENGE?

Wegweisend im weiteren Verlauf ist es, ob Sie beobachten konnten, dass Ihr Vierbeiner einen Giftstoff aufgenommen hat. Ist dies der Fall, konnten Sie vielleicht sogar beobachten, welches Gift aufgenommen wurde? Eine große Hilfe ist es, wenn Sie den Giftstoff selbst, gegebenenfalls die Packung und den Beipackzettel mit in die Praxis bringen. Selbst wenn die Verpackung angefressen ist, kann sie dennoch wertvolle Hinweise für die weitere Behandlung liefern. Auch Erbrochenes sollte mit zum Tierarzt genommen werden, da gegebenenfalls im Labor eine toxikologische Analyse durchgeführt werden kann, um den Giftstoff zu bestimmen. Um abschätzen zu können, ob eine Gefahr vorliegt oder ob vielleicht gar keine Behandlung notwendig ist, ist es von Interesse, welche Menge des Giftstoffs aufgenommen wurde. Häufig kann die Menge nur ungefähr geschätzt werden. Für eine gezielte Behandlung ist es außerdem nützlich zu wissen, auf welchem Weg der Giftstoff aufgenommen wurde. Wurde er gefressen, eingeatmet oder über die Haut aufgenommen? Nicht zuletzt werden abhängig vom Zeitpunkt, zu dem das Gift aufgenommen wurde, unterschiedliche Therapiemaßnahmen eingeleitet. So ist es beispielsweise nur bis zu zwei Stunden nach dem Fressen eines Giftstoffes sinnvoll, Erbrechen auszulösen, da nach dieser Zeitspanne der Stoff bereits den Magen in Richtung Darm verlassen hat.

DETEKTIVARBEIT

Konnten Sie keine Giftaufnahme Ihres Hundes beobachten, muss Detektivarbeit betrieben werden.

Bringen Sie – sofern möglich – in jedem Fall den aufgenommenen Giftstoff, die Verpackung und die Packungsbeilage sowie gegebenenfalls Erbrochenes mit in die Tierarztpraxis.

Folgende Fragen können helfen, eine mögliche Vergiftung aufzuklären: Was wurde wann gefüttert oder gefressen? Hat Ihr Hund Zugang zu Pflanzen oder Wasser, in dem Pflanzen stehen? Um welche Pflanzen handelt es sich? Wurde in der Umgebung eine Schädlings- oder Unkrautbekämpfung durchgeführt oder mit organischem Dünger gedüngt? Hat Ihr Hund in letzter Zeit eine Behandlung gegen Flöhe, Zecken oder Würmer erhalten? Bekommt Ihr Hund Medikamente verabreicht oder kann er sich Zugang zu Ihren Medikamenten verschaffen? Wurde in der Umgebung Ihres Tieres etwas verändert? Das kann zum Beispiel Bauarbeiten in Haus oder Garten sowie neue Einrichtungsgegenstände betreffen. Gab es andere besondere Vorkommnisse? Hatte Ihr Hund in der Vergangenheit bereits einmal ähnliche Symptome oder ist ein vorheriger Vergiftungsfall bekannt? Zeigen andere Tiere in Ihrem Haushalt ähnliche Symptome?

STABILISIERUNGSMASSNAHMEN

Nicht immer ist es leicht, die Ursache der Symptome Ihres Vierbeiners direkt festzustellen. Magen-Darm-Infekte oder andere Infektionen, Anfallsleiden, nicht beobachtete Unfälle, Gerinnungsstörungen, ein Hitzeschlag und viele weitere Krankheiten können leicht mit Vergiftungen verwechselt werden. Je nach der Schwere der Symptome wird Ihr Tierarzt daher noch während der Detektivarbeit erste lebensrettende Maßnahmen einleiten. Diese Notfalltherapie kann von einer Beatmung über die Gabe von Infusionen oder Bluttransfusionen bis zur medikamentösen Therapie von Krämpfen reichen und dient zunächst einmal der Erhaltung der Vitalfunktionen. In den meisten Fällen muss der Vierbeiner dazu stationär aufgenommen werden. Leider besitzen nur wenige Gifte, wie zum Beispiel Vitamin D, Schwermetalle, Paracetamol oder Rattengift, ein Gegengift (Antidot), das dann gezielt eingesetzt werden kann. Dazu ist es jedoch erforderlich, dass das genaue Gift bekannt ist, da auch von einem Gegengift Nebenwirkungen ausgehen können. Eine toxikologische Laboranalyse ist mit relativ hohen Kosten verbunden und nicht immer zielführend. Ein Einsatz sollte daher, insbesondere vor dem Hintergrund, dass die meisten Vergiftungen lediglich mit einer rein symptomatischen Therapie behandelt werden können, sorgfältig abgewogen werden. Ferner ist es kaum möglich, eine Probe auf alle 50 000 relevanten Giftstoffe hin zu untersuchen. Gibt es jedoch einen konkreten Verdacht, kann eine Einsendung, zum Beispiel von Erbrochenem oder Blut, lohnenswert sein. Manche Formen der Vergiftung erfordern eine längerfristige Nachkontrolle. Moderne Rattengifte wirken teilweise über mehrere Wochen, sodass auch die Antidot-Therapie und die Überwachung der Blutwerte über diesen Zeitraum hinweg erforderlich sind.

STATIONÄRER AUFENTHALT

Eine Dauertropfinfusion ist häufig notwendig, um den Kreislaufzustand des Vierbeiners zu stabilisieren oder Giftstoffe auszuspülen. Dazu müssen die Patienten eine Weile beim Tierarzt bleiben.

BASIS-TRAINING

Handwerkszeug

In Hinblick auf das Anti-Giftköder-Training ist ein besonders hohes Trainingsniveau der verschiedenen Signale erforderlich, da beispielsweise herumliegende Fleischbällchen eine sehr große Verlockung darstellen.

Eine Liste mit den „Lieblingssnacks" des Hundes hilft, die richtige Belohnung auszuwählen.

D as Training ist daher für alle Übungen in kleinen Schritten beschrieben, damit Ihr Hund die neuen Signale möglichst fehlerarm und mit vielen Erfolgen lernt. Dies führt später dazu, dass Ihr Vierbeiner die Signale sehr sicher und gern befolgt. Dennoch ist es nicht möglich, ein allgemeingültiges „Rezept" zu schreiben, das bei jedem Hund funktioniert. Es kann daher sein, dass Sie sich für Ihren Hund gegebenenfalls noch weitere Zwischenschritte ausdenken müssen, oder aber, dass Sie über einen Trainingsschritt sehr zügig hinweggehen können.

In diesem Kapitel wird zunächst das richtige „Handwerkszeug" vorgestellt, aber auch erste grundlegende Übungen, wie ein Blitz-Rückruf von Fressbarem, werden kleinschrittig erklärt. Außerdem sollen Hilfestellungen für den Alltag gegeben werden, wenn

die beschriebenen Signale noch nicht perfekt funktionieren. Das anschließende Kapitel behandelt dann Trainingsanleitungen, um das Anti-Giftköder-Training zu perfektionieren.

DIE RICHTIGE BELOHNUNG MACHT'S

Es erfordert eine große Motivation, sich von einem duftenden Mettbällchen abzuwenden. Deshalb sollte der Hund felsenfest davon überzeugt sein, dass wir ihm etwas noch Besseres als Alternative anbieten, wenn er sich zurückhält. Welche Dinge für Ihren Hund als Superbelohnung gelten, ist individuell verschieden. In der hinteren Klappe dieses Buches befindet sich daher eine Liste, die Sie mit den „Lieblingssnacks" Ihres Hundes ausfüllen dürfen. Fangen Sie mit Belohnungen an, die bei Ihrem Hund ganz besonders hoch im Kurs

stehen. Nicht nur Hundeleckerchen aus dem Tierbedarf, sondern auch Wurst- und Käsestücke, gebratene Hühnchenleber oder Räucherfisch können als Top-Belohnungen eingesetzt werden. Einige Hunde sehen auch in ihrem Lieblingsspielzeug einen guten Grund, einer Futterverlockung zu widerstehen. Beenden Sie die Liste anschließend mit wenig interessanten Dingen, wie zum Beispiel Gurkenstückchen oder Trockenfutter. So besteht die Möglichkeit, anspruchsvolle Aufgaben im Training gezielt besonders gut zu belohnen. Aber auch eine schrittweise Steigerung der Schwierigkeit verschiedener Übungen des Basis- und des speziellen Anti-Giftköder-Trainings ist so möglich. In den jeweiligen Kapiteln wird darauf hingewiesen, wie Sie die Liste gezielt einsetzen können.

Manche Hunde schätzen ihr Lieblingsspielzeug als Belohnung für erwünschtes Verhalten deutlich mehr als Futter.

Aus dem Alltag
Sky, ein Allergiker

Der dreijährige Dalmatiner Sky wurde zum Essenssucher,
nachdem eine Futtermittelallergie bei ihm diagnostiziert wurde.

Sky kam als zweijähriger Hund aus Spanien über eine Tierschutzorganisation nach Deutschland. Von seinem Leben in Spanien weiß man, dass er dort einem Engländer gehörte, der ihn vor seiner Rückkehr in das Heimatland dem Tierschutz übergab. Nach den Aussagen der Tierschützer lebte Sky in Spanien ein „freies" Leben und streunte die meiste Zeit des Tages in seinem Dorf umher.

Sky litt damals an starken Hautentzündungen, die vor allem im Zwischenzehenbereich und im Ohr auftraten. Auch sein Gesicht

juckte ihn stark. Sky wurde deshalb zunächst mit diversen Ohrentropfen, Salben und Bädern behandelt. Diese halfen jedoch immer nur für kurze Zeit, bevor die Symptome zurückkehrten. Um dem Verdacht einer Futtermittelallergie nachzugehen, wurde der Dalmatiner einer Ausschlussdiät unterzogen. Statt der bunten Auswahl an Futtersorten und kleineren Snacks bekam er nun ausschließlich ein spezielles, hypoallergenes Trockenfutter. Sky war während dieser Zeit immer sehr „hungrig" und bettelte viel – jedoch blieben die Besitzer unnachgiebig. Belohnt wurden sie durch den vollständigen Rückgang des Juckreizes und der Hautentzündungen. Bei den anschließenden Provokationstests stellte sich heraus, dass Sky auf mehrere tierische Eiweiße allergisch reagiert. Schließlich wurde sein Futter ausschließlich auf ein hypoallergenes Trockenfutter beschränkt, denn nur so waren Skys Hautprobleme zu kontrollieren. Allerdings fing Sky nun an, beim Gassigang andere Hundebesitzer anzubetteln. Leider hatte er damit mehrfach Erfolg. Er zog an der Leine zu essenden Men-

schen, Restaurants, Imbissbuden und Fleischereien. Einmal riss er sich auf dem Spaziergang sogar los und rannte über die Straße zu einer Frau, die einen Döner aß. Glücklicherweise kam gerade kein Auto, sodass es zu keinem Unfall kam.

Schließlich suchten die Halter Hilfe in der Hundeschule. Das Diätfutter, das bei den trainierten Übungen als Belohnung angeboten wurde, nahm der Rüde sehr zögerlich an. Das Training ging in dieser Zeit nur langsam voran, da das Trockenfutter keine sonderlich große Belohnung für Sky darstellte. Eine deutliche Verbesserung der Motivation konnte mit feuchtem Diätfutter aus der Dose erreicht werden. Auch Monoprotein-Leckerli aus Ente vertrug Sky gut. So konnten endlich Orientierungsübungen wie „Fuß" durch die Fußgängerzone, Leinenführigkeit und die speziellen Übungen wie „Spuck es aus" und „Zeig mir, was du gefunden hast" erfolgreich trainiert werden. Inzwischen ist Sky wieder ein gut kontrollierbarer Hund, der regelmäßig für selbstbeherrschtes Verhalten ein Stückchen Entenfleisch bekommt.

CLICKER ODER MARKERWORT?

Beim Anti-Giftköder-Training ist das höchste Ziel, dass der Hund selbstständig von seiner „Beute" Abstand hält (siehe Kapitel „Zeig mir, was du gefunden hast", Seite 95). Doch auch um dem Vierbeiner andere hilfreiche Übungen beizubringen, ist meist nicht nur Schnelligkeit, sondern auch Präzision gefordert. Viele Hunde zeigen das gewünschte Verhalten, also z. B. ein kurzes Verharren vor dem Leckerbissen, zunächst nur für einen sehr kurzen Moment. Um den Hund in genau diesem Bruchteil einer Sekunde mitzuteilen, dass gerade dies das richtige Verhalten ist, benötigt man ein präzises Signal. Dafür bietet sich entweder die Nutzung eines Clickers oder aber eines sogenannten Markerworts an. Wird ein Markerwort verwendet, sollte dieses möglichst kurz sein. Wörter wie „Yes!", „Top!" oder „Click!" bieten sich an. Clicker sind in unterschiedlichen Größen und Lautstärken erhältlich, sodass für jeden Geschmack das Passende gefunden werden kann.

Clicker aufladen

Bevor Clicker oder Markerwort im Training eingesetzt werden können, muss der Vierbeiner erst lernen, dass auf den Click oder das Markerwort stets eine Futterbelohnung folgt. Stellen Sie sich dafür vor Ihren Hund und halten Sie den Clicker, sofern Sie ihn nutzen wollen, in Ihrer linken oder rechten Hand. Schmackhaftes Futter kann entweder in einer Schale in Ihrer unmittelbaren Nähe stehen oder aber Sie bewahren es z. B. in einem Futterbeutel an Ihrem Gürtel auf. Wichtig ist, dass Sie die Leckerchen schnell griffbereit haben.

1

2

1. Clicker gibt es in vielen Varianten.

2. Ist der Hund aufmerksam, wird der „Click" ausgelöst oder das Markerwort ausgesprochen.

3. In einem Futterbeutel sind die Trainingssnacks griffbereit verstaut.

4. Nach dem Click oder Markerwort erhält der Hund ein Futterstückchen.

3

4

Lösen Sie nun den Clicker aus bzw. sprechen Sie das neue Markerwort aus, greifen Sie dann sofort zu den Leckerchen und geben Sie Ihrem Hund ein leckeres Stückchen Futter. Wiederholen Sie diese Übung einige Male. Viele Hunde verknüpfen bereits nach wenigen Wiederholungen, dass nach Click oder Markerwort immer ein Leckerbissen zu erwarten ist. Ob Ihr Hund diese Verknüpfung bereits erstellt hat, können Sie leicht testen. Clicken bzw. sprechen Sie Ihr Markerwort dazu in einem Moment aus, in dem Ihr Vierbeiner in eine andere Richtung schaut. Wendet er seinen Kopf blitzschnell zu Ihnen um und schaut Sie erwartungsvoll an? Dann ist Ihr Clicker bzw. Markerwort einsatzbereit!

WEITERES ZUBEHÖR

Abhängig davon, welche Übung des Basis- oder des speziellen Trainings Sie mit Ihrem Hund trainieren möchten, benötigen Sie unterschiedliches Zubehör. Welche Hilfsmittel im Detail erforderlich sind, ist vor jeder Trainingsanleitung dieses Buches jeweils kurz aufgelistet. Grundsätzlich ist es ratsam, für die Übungen, an denen der Vierbeiner an einer kurzen oder langen Leine abgesichert ist, ein gut sitzendes Geschirr zu verwenden. Liegt auf dem Boden ein frisches Stück Pizza, kann es passieren, dass der Hund mit Anlauf in die Leine läuft. Ist diese dann am Halsband befestigt, kann das zu Verletzungen und schmerzhaften Blockaden füh-

ren. Zughalsbänder oder sogenannte Erziehungsgeschirre sind ebenfalls absolut ungeeignet. Die Leine sollte gut in der Hand liegen und nicht einschneiden. Welches Material als angenehm empfunden wird, sollte individuell ausprobiert werden. Von Biothane über Nylon bis zu Reepschnur bietet der Markt eine große Auswahl. Wird eine lange Leine zur Absicherung bestimmter Übungen verwendet, sollte diese je nach Hundegröße etwa 10 bis 15 m lang sein, um eine für den Spaziergang realistische Situation herstellen zu können.

Um die Futterbelohnung auf dem Spaziergang oder während des Trainings sauber und leicht zugänglich aufzubewahren, kann

1

2

1. Würstchen und Co. können in unterschiedlichen Behältnissen vor der Hundenase geschützt werden.

2. Jedes neue Signal sollte zu Beginn lediglich mit geringer Ablenkung geübt werden.

———

ein Futterbeutel verwendet werden. Auch hier gibt es eine große Auswahl. Futterbeutel mit mehreren Fächern erlauben das Verstauen von Clicker und unterschiedlichen Futtersorten oder Spielzeug. In manchen Übungen ist eine Absicherung von ausgelegten Futterverlockungen notwendig. Steht keine Hilfsperson bereit, können die Leckereien z. B. in Plastikdosen versteckt werden, deren Deckel mit kleinen Löchern versehen wurden. Angepasst an die Größe und Hartnäckigkeit des Hundes sind der Fantasie hier keine Grenzen gesetzt. So können auch Meisenknödelringe, Fischbräter oder geschlossene Lebendrattenfallen verwendet werden, um die Leckerbissen darin hundesicher zu verstauen. Je nach Geschmack kann für den „Blitz-Rückruf", der im Basistrainingsteil beschrieben wird, entweder ein Wortsignal oder eine Pfeife verwendet werden.

DAS TRAININGSTAGEBUCH

Für alle vorgestellten Übungen gilt: Ein schrittweiser und durchdachter Trainingsaufbau ist entscheidend! Dazu gehört auch, dass jeder Trainingsschritt eines Signals zunächst in einer ablenkungsarmen Umgebung geübt werden sollte, bevor das Training schließlich an aufregenderen Orten stattfindet. Das Trainieren in möglichst vielen unterschiedlichen Situationen ist essenziell, um das Signal später überall zuverlässig nutzen zu können.

Wenn Sie mit dem Training beginnen, müssen Sie sich nicht zwingend auf eine Übung festlegen und diese bis zur Perfektion üben, bevor Sie mit der nächsten Übung beginnen. Erfahrungsgemäß lassen sich etwa drei verschiedene Übungen gut gleichzeitig trainieren, wenn diese recht unterschiedlich sind. Gleichzeitig können also beispielsweise die Maulkorbgewöhnung, der „Blitz-Rückruf" von Futter und die Übung

HINWEIS

Nehmen Sie beim Training unterwegs immer Rücksicht auf andere Hundehalter. Andere Hunde können einen sehr unterschiedlichen Trainingsstand aufweisen oder gesundheitlich eingeschränkt sein, sodass Sie es vermeiden sollten, fremde Hunde z. B. mit ausgelegtem Futter anzulocken.

Ein gut sitzendes Geschirr ist im Training empfehlenswert.

„Spuck es aus" trainiert werden, während eine Kombination der Übungen zur Impulskontrolle, der Übung „Lass es liegen" und „Zeig mir, was du gefunden hast", wenig vorteilhaft ist. Übungen aus dem Basistraining und dem speziellen Training können kombiniert werden, das spezielle Training fällt jedoch leichter, wenn die Übungen aus dem Basisteil bereits gut verinnerlicht wurden.
Besonders bei dem gleichzeitigen Training mehrerer Übungen ist ein Trainingstagebuch sehr hilfreich, damit man den Überblick über die verschiedenen Trainingsschritte nicht aus den Augen verliert. In der hinteren Klappe dieses Buches finden Sie dazu eine Kopiervorlage. Notieren Sie sich, was Sie mit Ihrem Hund wo geübt haben, welche Schwierigkeitsfaktoren es gab und wie es geklappt hat. So finden Sie beim nächsten Mal einen leichteren Einstieg.
Und los geht es mit dem Basistraining!

VERLOCKUNGEN DURCH HAUSMÜLL

Orte, an denen Hunde einmal etwas Leckeres gefunden haben,
werden bei den nächsten Spaziergängen oft wieder aufgesucht.

———

Den Versuchungen des Alltags widerstehen

Zunächst gilt es, den Denkprozess des Hundes zu verstehen, um dadurch seine Handlungen voraussehen zu können. Wann sucht er warum nach etwas Fressbarem?

Woran liegt es, dass unser Hund immer dann etwas findet, wenn wir gemeinsam mit anderen Hunden unterwegs sind? Hat er sich seit dem letzten Spaziergang den Ort gemerkt, an dem die Picknickdecke lag? Die Motivation zum Stöbern nach fressbaren Dingen ist häufig erkennbar und von bestimmten Faktoren abhängig.

GELEGENHEIT MACHT DIEBE

Wenn der Hund seine Spürnase gern zum Müllsuchen einsetzt, lebt er risikoreich. Denn auch beim harmlosen gefundenen Pausenbrot wirkt das Prinzip der positiven Verstärkung: Je ausdauernder und erfolgreicher ein Hund auf dem Spaziergang stöbert, desto mehr wird es zu seinem „Hobby" und schnell hat man einen wahren „Staubsauger" am anderen Ende der Leine. Dem sollte man so früh wie möglich entgegenwirken. Besonders effektiv sind vorbeugende Maßnahmen bei jungen Hunden, die bisher wenige Erfahrungen beim Stöbern nach Leckereien gesammelt haben. Das andere Extrem bilden Hunde aus dem (Auslands-) Tierschutz, die sich teilweise über Jahre selbst ernährt haben, indem sie auf den Straßen nach Müll gesucht haben. Das Training ist bei diesen geübten Hunden besonders anspruchsvoll. Um Erfolge im Hinblick auf die „Staubsaugerei" möglichst zu vermeiden, sollte der Spazierweg sorgsam gewählt werden.

Eine Radtour durch die Bauernschaft ist, verglichen mit einem Spaziergang im Stadtpark – insbesondere wenn dort an einem Sommerwochenende vielerorts gegrillt wurde –, selbstverständlich ein himmelweiter Unterschied. Kann der Spazierweg nicht ganz frei gewählt werden oder liegt ein Teil der Strecke unvermeidbar an einem Schulweg, hilft es zunächst, den Hund anzuleinen. Das gilt auch, wenn Sie auf dem Spaziergang mit Freunden in ein Gespräch vertieft sind, denn Ihr Hund lernt schnell, dass besonders gute Chancen zum Stöbern bestehen, wenn Sie abgelenkt sind. Hunde, die bereits gelernt haben, eine gewisse Wegstrecke im „Fuß" zurückzulegen, können auch auf diese Weise an Leckereien vorbeigeführt werden. Nicht vergessen werden sollten auch alle Versu-

1. Ein Mülleimer ist für viele Hunde eine Einladung zum Stöbern.

HINWEIS

Das Suchverhalten unseres Hundes ist zu einem großen Teil vorhersehbar. Die sorgsame Auswahl der Spazierstrecke, ein Anleinen des Hundes oder das Verwenden eines Maulkorbes können verhindern, dass er Fressbares aufnimmt.

1

chungen im Haushalt. Hierzu gehören unter anderem leicht zu öffnende Futterbehälter, frei zugängliche Mülleimer und auch der Platz neben dem Hochstuhl des essenden Kleinkinds.
Nun kann man die Futtertonne ebenso wie den Mülleimer wegschließen, nicht jedoch das Kekse verteilende Kleinkind. Glücklicherweise lernen Hunde aber erst einmal situationsbezogen, das heißt: Kinderhochstuhl ist Futterzone. Der Hund sucht also üblicherweise nicht die ganze Wohnung nach Leckereien ab, und schon gar nicht, wenn das Kind gerade schläft.

DIE „SCHATZKARTE" DES HUNDES

Manche Hunde können sich über lange Zeit Orte merken, an denen sie schon einmal etwas Fressbares gefunden haben. Insbesondere Retriever sind rassebedingt häufig sehr talentiert, sich bestimmte Orte präzise zu merken.
Wer die innere „Schatzkarte" seines Hundes kennt, ist strategisch im Vorteil. Denn so können Sie bereits reagieren, bevor sich Ihr Hund auf den nächsten Grillrest stürzt. Zunächst einmal hilft es,

vorausschauend anzuleinen und den Hund dazu zu bewegen, sich an Ihnen zu orientieren. Das Training von regelmäßigem Blickkontakt sowie eines Blitz-Rückrufs, das im Folgenden beschrieben wird, kann Situationen gut entschärfen. Fortgeschrittene können auch die Übungen „Zeig mir, was du gefunden hast" und „Lass es liegen" aus dem speziellen Anti-Giftköder-Training anwenden.
Da die Leckereien-Schatzkarte des Hundes meistens nachhaltiger angelegt ist als die des Halters, ist es grundsätzlich ratsam, gefundene Leckereien sofort einzusammeln und zu entsorgen. So profitieren nicht nur Sie auf dem nächsten Spaziergang, sondern auch anderen Hundehaltern ist geholfen.

SCHIMPFEN UND HINTERHERRENNEN

Findet der Hund eine vermeintliche Leckerei und beginnt diese zu fressen, reagieren viele Hundehalter mit hektischem Schreien und stürzen zu ihrem Hund, um ihm den vielleicht gefährlichen Fund schnell wegzunehmen. In diesem Fall lernt

2. Durch Schimpfen und Hinterherrennen treibt man den Hund weg.

3. Hat das Stöbern Erfolg, so wird es in Zukunft wiederholt.

der Vierbeiner, dass eine Annäherung seines Menschen mit negativen Konsequenzen verbunden ist, da der zumeist leckere Fund weggenommen wird. Manch ein Hund schlingt seine Beute beim nächsten Mal sehr viel schneller hinunter, um einem Verlust vorzubeugen. Ein rechtzeitiges Eingreifen wird in Gefahrensituationen zukünftig immer schwieriger. Ist der Vierbeiner nicht angeleint, kann es auch sein, dass er vor seinem Halter wegläuft, um seinen Fund in Ruhe zu vertilgen. Auch dies kann leider schlimme Folgen haben. Nicht zuletzt gibt es Hunde, die versuchen, ihre Beute mit aggressivem Verhalten zu verteidigen.

Das Resultat einer solchen Panikreaktion seitens des Halters ist also, dass die Vergiftungsgefahr steigt, statt zu sinken. Insbesondere im Rahmen des Anti-Giftköder-Trainings ist es daher sehr wichtig, dass unsere Hunde lernen, Dinge gern und unverzüglich herzugeben. Die Übung „Spuck es aus" aus dem speziellen Trainingsteil sollte daher möglichst früh trainiert werden.

Gerade wenn Sie mit Ihrem Hund noch am Anfang des Trainings stehen und er beim Stöbern nach Fressbarem Erfolg hat, steckt man schnell in der Bredouille: Abrufen klappt noch nicht, Ausgeben auch nicht, Schimpfen und Hinterherrennen treibt den Hund von uns weg.

Die einzige Möglichkeit besteht dann erst einmal darin, den Hund durch eine Leine oder eine gute Beobachtung vorausschauend zu kontrollieren oder aber mit einem Maulkorb abzusichern.

ERFOLG VERHINDERN

Wenn wir uns also über die erfolgreichen Beutezüge unseres Hundes Klarheit verschaffen, können wir realisieren, warum er so gern stöbert und plündert. Im Sinne eines Anti-Giftköder-Trainings ist es gerade in diesen Situationen besonders wichtig, den Hund in den unbeobachteten Momenten, also draußen auf dem Spaziergang und beim Alleinsein, vom Futtersuchen abzuhalten.

Denn wir müssen uns immer wieder vor Augen führen: Jede ungewollte Futteraufnahme sorgt dafür, dass der Hund zukünftig häufiger und lang anhaltender nach potenziellen Leckereien stöbert.

Bestimmte Rassen sind wenig wählerisch bei der Futtersuche.

DAS FRESSVERHALTEN – ANGEBOREN ODER ERLERNT?

Um diese Frage zu beantworten, müssen wir erst einmal davon ausgehen, dass wir es hier mit unterschiedlichen angeborenen Anlagen zu tun haben, in deren Rahmen die verschiedensten Lernerfahrungen gemacht werden können.

Betrachtet man die Gene, haben verschiedene Rassen – auch von ihrem Rasseursprung her – einen unterschiedlichen Kalorienbedarf. Während der für kurzzeitige Hochgeschwindigkeitssprints gezüchtete Windhund eine hochwertige, proteinreiche Kost bevorzugt, ist der für längere Stöber- und Apportierarbeit gezüchtete Retriever weniger wählerisch, wenn es darum geht, seine Energiereserven aufzufüllen. Insofern stellt die genetische Herkunft des Hundes entsprechend seiner Arbeitsleistung und des Zuchtziels die Weichen für seinen Energiebedarf. Auch bei Mischlingen schlägt sich der Appetit der Ahnen nieder.

Leiden Hunde unter chronischem Nahrungsmangel, wie es zum Teil bei Straßenhunden der Fall ist, betrifft das nicht nur das Individuum selbst, sondern sogenannte epigenetische Prozesse – also die kurzfristige, stressbedingte Anpassung der vorhandenen Gene an die Umweltsituation – können auch die Nachkommen beeinflussen. Nicht zuletzt sind es die Züchter, die Hunde – unabhängig von ihrer Arbeitsleistung – in „Show-Form" füttern und hiermit die Anlagen der Nachkommen beeinflussen.

Eine klare Grenze zwischen angeborenem und erlerntem Verhalten kann jedoch bei keinem Hund gezogen werden. Wenn ein junger Welpe alles Fressbare förmlich „inhaliert", liegt die Vermutung oft nahe, dass es sich hier um eine angeborene Anlage handeln muss, da der Vierbeiner noch nicht viele Lernerfahrungen sammeln konnte. Es ist jedoch auch möglich, dass es unter den Wurfgeschwistern eine starke Futterkonkurrenz gab, da z. B. alle Welpen gemeinsam aus einem kleinen Napf gefüttert wurden. So kann bereits in sehr jungem Alter gelernt worden sein, Futter schnellstmöglich hinunterzuschlingen.

JUNGE HUNDE – ALTE HUNDE

Welpen kommen genau wie alle anderen Säugetierbabys mit einem ausgeprägten Entdeckerdrang zur Welt. Insbesondere das Erkunden mit dem Maul, das Benagen und Herumtragen von Gegenständen ist für die kleinen Fleischfresser eine wichtige Vorbereitung auf das spätere Leben als „Raubtier". Und genau diese Knabber- und Kaulust eines Welpen stellt in Bezug auf die Aufnahme von giftigen oder gefährlichen Stoffen ein erhöhtes Risiko dar. Insbesondere wenn ab der 16. Lebenswoche der Zahnwechsel einsetzt, wird gern alles angeknabbert. Glücklicherweise lernen die meisten Hunde innerhalb des ersten Lebensjahrs, was schmeckt und was nicht.

Allerdings sollten mit Welpen und Junghunden besonders Übungen wie „Lass es liegen", „Spuck es aus" und der Blitz-Rückruf trainiert werden, um entsprechend eingreifen zu können. Zur Vermeidung positiver Erlebnisse müssen Welpenbesitzer sehr vorausschauend sein und potenziell essbare Dinge wegsperren, indem sie Orte wie Mülleimer oder Vorratsschränke unzugänglich machen. Zwar sollte ein Welpe unbedingt den Freilauf erleben, an Orten mit diversen Verlockungen, wie

z. B. Pferdeäpfeln, herumliegenden Eicheln oder Müll, sollte er jedoch besser mithilfe einer Leine abgesichert sein.

Auch wenn manch ein Welpenbesitzer denkt, dass aus seinem Taschentuch verschlingenden Reißwolf nie ein vernünftiger Hund wird: Spätestens nach der Pubertät ist das „haptische Interesse" des Vierbeiners Vergangenheit.

Bei ganz alten Hunden tritt das welpenhafte Fressverhalten allerdings häufig wieder auf. Der Grund liegt oft in der nachlassenden Seh- und Hörfähigkeit, der abnehmenden Bewegungsfreude und manchmal auch in der einsetzenden Demenz. Signale, die sonst zuverlässig befolgt wurden, kann der alte Hund kognitiv nicht mehr umsetzen oder einfach nicht mehr hören, sodass wiederum entsprechende Präventionsmaßnahmen notwendig werden. So können auch diese Jahre entspannter mit dem Vierbeiner verbracht werden.

Nach der Arbeit im kalten Wasser müssen die Energiereserven eines Retrievers besonders schnell aufgefüllt werden.

TRAINING IN ALLTÄGLICHEN SITUATIONEN

Damit der Vierbeiner den Maulkorb zukünftig überall entspannt trägt, sollte das Training häufig, in kurzen Einheiten sowie an vielen unterschiedlichen Orten erfolgen.

Maulkorbtraining

Ist das Training von Signalen, wie dem Rückruf oder der Übung „Spuck es aus", noch nicht weit vorangeschritten, kann ein Maulkorb vor der unerwünschten Aufnahme von Leckereien schützen. Zwar kann dieser unsere Vierbeiner nicht vollständig daran hindern, schmackhafte Funde zu vertilgen, aber er kann dem Halter einen wertvollen Zeitvorteil verschaffen, indem er entsprechend reagieren kann.

TRAININGSZUBEHÖR

— Maulkorb
— Leckerchen oder Futtertube

Nach Wahl:
— Futterbeutel

VORBEREITUNGEN

Gut geeignet sind Gittermaulkörbe, bei denen der Hund das Maul ausreichend weit öffnen kann, um ungehindert hecheln und trinken zu können. Der Markt bietet für diesen Einsatz eine große Auswahl unterschiedlich farbiger Biothane-, Kunststoff- und Ledermaulkörbe, sodass für jeden Geschmack und jede Nasenlänge das Passende gefunden werden kann. Sogenannte Maulschlaufen eignen sich nicht, denn sie verhindern das Hecheln des Hundes mit einer Wärmeabgabe über die Seitenflächen der Lefzen. Gefährliche Kreislaufzusammenbrüche können die Folge sein. Ist der Maulkorb gekauft, kann er jedoch nicht sofort aufgesetzt und auf dem Spaziergang getragen werden, da Abstreifversuche des Hundes unvermeidlich wären. Damit unsere Vierbeiner den Maulkorb entspannt tragen und den zunächst ungewohnten Fremdkörper im Gesicht als etwas Normales kennenlernen, ist ein kleinschrittiges Training erforderlich.

Manche Maulkörbe enthalten im vorderen Schnauzenbereich eine Einlegeplatte, die die Aufnahme von Fressbarem verhindern soll. Für das Training muss diese Platte zunächst herausgenommen werden, damit der Vierbeiner mit Futter belohnt werden kann.

SCHRITT 1

Öffnen Sie den Verschluss des Maulkorbs und lassen Sie die Riemen locker nach unten hängen. Nehmen Sie den Maulkorb in Ihre linke Handfläche und legen Sie einige Futterstückchen hinein.

Dadurch, dass der Korb auf Ihrer Handfläche liegt, wird verhindert, dass das Futter gleich wieder herausfällt. Wenn Sie mit der Futtertube arbeiten, können Sie einen Klecks des Tubeninhalts in den Maulkorb geben. Ihr Hund darf gern dabei zusehen. Hocken Sie sich dann mit dem Maulkorb in der Hand hin oder setzen Sie sich auf einen Stuhl, sodass Ihr Hund die Leckerchen im Maulkorb bequem erreichen kann. Achten Sie jedoch darauf, den Maulkorb nicht auf den Hund zu-, sondern eher von ihm wegzubewegen, sodass er dem Maulkorb förmlich hinterherläuft. Ihr Hund sollte seine Schnauze freiwillig in den Maulkorb stecken. Trainieren Sie diese Übung nicht nur zu Hause, sondern auch an unterschiedlichen Orten auf dem Spaziergang, denn dort soll Ihr Vierbeiner den Maulkorb ja später tragen. Wenn Ihr Hund Sie in fröhlicher Erwartung anschaut, sobald Sie den Maulkorb hervorholen, und das Futter routiniert daraus frisst, dürfen Sie mit Schritt 2 fortfahren.

1. Zunächst werden leckere Futterstückchen im Maulkorb angeboten.

2. Der Vierbeiner kann alternativ auch mit einer Tube belohnt werden.

SCHRITT 2

In diesem Schritt geht es nun darum, die Verweildauer der Hundeschnauze im Maulkorb schrittweise auszudehnen. Legen Sie dazu den geöffneten Maulkorb wie in Schritt 1 in Ihre linke Hand. Nun füllen Sie aber keine Leckerchen mehr hinein, sondern füttern Ihren Hund mit weichem Futter oder einer Futtertube durch die vordere Schnauzenöffnung hindurch. Nimmt Ihr Hund das Futter entspannt auch an unterschiedlichen Orten durch die vordere Öffnung, kann es mit Schritt 3 weitergehen.

SCHRITT 3

Damit der Maulkorb auch geschlossen getragen werden kann, wird der Hund nun an den Riemen hinter seinen Ohren gewöhnt. Während Sie den Maulkorb in Ihrer linken Hand halten, bringen Sie etwas Futtertubeninhalt oder weiches Futter an der vorderen Schnauzenöffnung des Maulkorbs an, sodass Ihr Hund einige Sekunden damit be-

3

4

schäftigt ist, das Futter abzulecken. In dieser Zeit können Sie mit der rechten Hand den Riemen des Maulkorbs locker hinter die Ohren Ihres Vierbeiners legen. Füttern Sie Ihren Hund anschließend weiter durch die vordere Öffnung. Toleriert Ihr Hund entspannt den Riemen hinter seinen Ohren, kann mit Schritt 4 weiter trainiert werden.

SCHRITT 4

Abhängig davon, ob Ihr Maulkorb einen Klickverschluss oder eine Schnalle besitzt, wird das Training nun etwas unterschiedlich gestaltet.

Klickverschluss Haben Sie ein Modell mit einem Klickverschluss, gehen Sie zunächst wie in Schritt 3 vor. Liegt der Maulkorb nun in Ihrer linken Hand und Ihr Hund leckt das Futter von der vorderen Schnauzenöffnung des Korbs, können Sie mit der rechten Hand wie gewohnt den Riemen hinter die Ohren legen. Anschließend kann der Klickverschluss mit beiden Händen zügig geschlossen werden und der Hund erhält anschließend

weiter Futter durch die vordere Schnauzenöffnung.

Modell mit Schnalle Haben Sie jedoch ein Modell mit Schnalle, ist ein solch schnelles Verschließen nicht ohne Weiteres möglich. Um den Hund zu Beginn des Trainings nicht durch langes Hantieren zu irritieren, sollte der Riemen schon vorher auf der lockersten Stufe geschlossen werden. Schleckt der Hund nun Futter von der vorderen Schnauzenöffnung des Maulkorbs, kann der geschlossene Riemen locker über die Ohren geschoben werden. Klappt dies sehr routiniert an unterschiedlichen Orten, kann das Schließen der Schnalle erfolgen, wenn der Hund seine Schnauze bereits im Maulkorb hat. Nehmen Sie den Maulkorb zunächst nach sehr kurzer Zeit wieder ab, sodass Ihr Vierbeiner gar nicht erst versucht, ihn abzustreifen. Im Lauf der Übung trägt Ihr Hund den geschlossenen Maulkorb schrittweise immer länger. Trägt Ihr Hund den Maulkorb entspannt über mindestens 10 Sekunden, dürfen Sie zu Schritt 5 übergehen.

3. Der Riemen des Maulkorbs wird lediglich locker hinter die Ohren gelegt.

4. Im nächsten Schritt wird der Riemen des Maulkorbs verschlossen.

Softmaulkörbe verhindern Häppchenessen am Wegesrand.

SCHRITT 5

Das Tragen des Maulkorbs soll nun in den Alltag übernommen werden. Ziehen Sie Ihrem Hund dazu den Maulkorb an wie in Schritt 4 beschrieben. Nun können Sie gut bekannte Signale mit Ihrem Hund üben, während er den Maulkorb trägt. Für den Beginn sind Übungen wie Blickkontakt auf Signal oder ein „Sitz" gut geeignet. Das „Platz" ist deutlich schwieriger, da viele Hunde beim Hinlegen versuchen, den Maulkorb abzustreifen. Belohnen Sie Ihren Vierbeiner in jedem Fall schnell, bevor er Abstreifversuche machen kann, und belohnen Sie ihn wie gewohnt durch die vordere Schnauzenöffnung des Maulkorbs. Fortgeschrittene Teams dürfen sich an dem Signal „Fuß" oder einem Rückruf probieren. Die Trainingseinheiten werden zunächst sehr kurz gehalten. Eine schnelle Abfolge von Signalen hält den Hund konzentriert und er lernt, sich auch mit Maulkorb koordiniert zu bewegen. Im Lauf des Trainings dürfen die Einheiten nach und nach immer länger werden und immer weniger Signale enthalten, sodass Ihr Hund schließlich den Maulkorb entspannt über weite Strecken des Spaziergangs tragen kann.

STOLPERFALLEN UND LÖSUNGSVORSCHLÄGE

Was tun, wenn der Hund sich in Schritt 1 nicht traut, seine Nase in den Maulkorb zu stecken?
Manche Vierbeiner sind zunächst einmal sehr vorsichtig. Erleichtern Sie es Ihrem Hund zu Beginn des Trainings, indem Sie die Futterstückchen bzw. Kleckse aus der Futtertube direkt an der hinteren Öffnung des Maulkorbs positionieren. Ihr Hund kann das Futter so erreichen, ohne seine Nase tief in den Maulkorb stecken zu müssen. Je routinierter Ihr Hund das Futter aus dem Maulkorb frisst, desto tiefer dürfen Sie es hineinlegen, bis er sich traut, seine Nase vollständig in den Maulkorb zu stecken.

Was tun, wenn der Hund permanent versucht, sich den Maulkorb abzustreifen?
In diesem Fall sind Sie im Training zu schnell vorangegangen. Gehen Sie mindestens einen Schritt zurück und bauen Sie die Gewöhnung an den Maulkorb in kleineren Schritten auf. Ein Trainingstagebuch, wie es in der hinteren Klappe dieses Buches eingefügt ist, kann Sie dabei unterstützen.

MAULKORBTRAINING — 5 SCHRITTE IM ÜBERBLICK

1. Maulkorb geöffnet in die linke Hand nehmen — Futter hineinlegen — Hund Futter fressen lassen
Schwierigkeitsfaktor Trainingsumgebung

2. Maulkorb geöffnet in die linke Hand legen — Hund durch vordere Schnauzenöffnung füttern
Schwierigkeitsfaktoren Trainingsumgebung, Verweildauer der Hundenase im Maulkorb

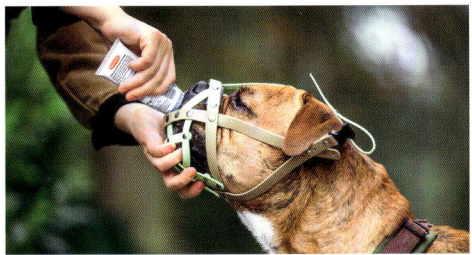

3. Maulkorb geöffnet in die linke Hand legen — Hund durch vordere Schnauzenöffnung füttern — Riemen hinter die Ohren legen — Hund weiter durch vordere Schnauzenöffnung füttern
Schwierigkeitsfaktoren Trainingsumgebung, Verweildauer der Hundenase im Maulkorb, Verweildauer des Riemens hinter den Ohren

4. Maulkorb geöffnet in die linke Hand legen — Hund durch vordere Schnauzenöffnung füttern — Riemen hinter die Ohren legen — Verschluss schließen — Hund weiter durch vordere Schnauzenöffnung füttern — Maulkorb abnehmen
Schwierigkeitsfaktoren Trainingsumgebung, Dauer des Tragens

5. Den Maulkorb anlegen — bekannte Signale üben — zur Belohnung Hund durch vordere Schnauzenöffnung füttern
Schwierigkeitsfaktoren Trainingsumgebung, Dauer des Maulkorb-Tragens, Beschäftigung durch Signale

Selbstkontrolle lohnt sich

Ein leckeres Stück Pizza oder eine geöffnete Chipstüte wortwörtlich links liegen zu lassen erfordert nicht nur von den meisten Menschen, sondern insbesondere auch von unseren Vierbeinern größte Selbstkontrolle.

Je nach Lernerfahrungen im frühen Welpenalter sowie auch im späteren Leben, bringen viele Hunde unterschiedliche Voraussetzungen mit. Manche Hunde können sich sehr gut beherrschen, während andere Hunde sich sofort auf alles stürzen, was ihnen vor die Nase kommt.

Etliche Vierbeiner kennen es bereits, zu Hause zu warten, bevor der Futternapf auf den Boden gestellt wird, und erst auf ein Signal hin mit dem Fressen zu beginnen. Dies ist bereits ein guter Einstieg. Kann Ihr Hund auch abwarten, wenn Sie ein einzelnes Stückchen Futter auf den Boden legen? Oder fallen lassen? Oder sogar werfen? Die Anzahl der Übungen ist beinahe grenzenlos. So ist auch beim Bei-Fuß-Gehen um einen gefüllten Futternapf herum oder bei einer Bleib-Übung an einem See für „Wasserratten" sehr viel Selbstkontrolle notwendig. In der entsprechenden Literatur finden Sie bei Interesse zahlreiche Anregungen. Wenn Sie diese Übungen trainieren, achten Sie darauf, dass Sie das Futter schnell aufheben, sofern Ihr Hund sich darauf stürzen möchte, ohne dass Sie die Erlaubnis gegeben haben. Hat er sich jedoch zurückgenommen und kurz abgewartet, erlauben Sie ihm, das Leckerchen zu fressen. Trainieren Sie nur in kurzen Einheiten von maximal zwei Minuten am Stück, steigern Sie die Schwierigkeit in kleinen Schritten und überfordern Sie Ihren Hund nicht. Sonst kann sich auf beiden Seiten sehr schnell Frust einstellen und die Freude am Training geht verloren.

WORAUF MAN ACHTEN SOLLTE

Es ist außerdem zu beachten, dass Hunde, abhängig von ihrer Vorgeschichte, auf Frustration selten mit aggressivem Verhalten reagieren können. Sollte dies bei Ihrem Vierbeiner der Fall sein oder sollten Sie sich nicht sicher sein, wenden Sie sich zur Unterstützung bitte an eine/n auf Verhaltensmedizin spezialisierte/-n Tierarzt/-ärztin oder eine/-n auf Basis der positiven Verstärkung arbeitende/-n Hundetrainer/-in. Beim Training der Selbstkontrolle an Fressbarem ist zu beachten, dass Hunde stark situationsbezogen lernen. Das bedeutet: Nur weil sich Ihr Vierbeiner in der Küche an seinem Futternapf

gut zurücknehmen und abwarten kann, kann er dies nicht automatisch auf dem Spaziergang bei einem weggeworfenen Schulbrot. Die meisten Übungen dieses Buches fallen jedoch sehr viel leichter, wenn die Hunde schon im Voraus in gewissen Situationen gelernt haben, dass sich ein kurzes Zurückhalten am Futter lohnt. Die Vertiefung und Festigung geschieht dann in den einzelnen Übungen des speziellen Anti-Giftköder-Trainings.

Viele Hunde warten zu Hause vor dem Futternapf, bis sie das Signal bekommen, zu fressen. Dies bedeutet jedoch nicht unbedingt, dass die Vierbeiner auch draußen vor Fressbarem abwarten.

ORIENTIERUNG AM HALTER

Nimmt ein Hund auf dem Spaziergang regelmäßig Kontakt
zu seinem Halter auf, reagiert er leichter auf Signale.

Orientierungstraining

Ein Vierbeiner, der auf dem Spaziergang regelmäßig schaut, wo sein Halter gerade ist, und mit einem kurzen Blick Kontakt aufnimmt, reagiert grundsätzlich besser auf Signale als ein Hund, der vollständig in seiner „Stöber"-Welt versunken ist.

D aher lohnt es sich, das Aufnehmen von Blickkontakt zu fördern. Selbstverständlich ist es nicht das Ziel, dass der Hund ununterbrochen seinen Menschen ansieht und gar nicht mehr selbstständig schnuppern darf. Ziel sollte vielmehr sein, dass Ihr Vierbeiner sich etwa alle 50 m selbstständig zu Ihnen orientiert und kurz den Blickkontakt mit Ihnen sucht. Ein Abzählen von Schritten ist dabei allerdings nicht erforderlich, die genannte Zahl dient lediglich als grobe Orientierung. Für das Training auf dem Spaziergang gibt es nun verschiedene Möglichkeiten.

BLICKKONTAKT EINFANGEN

Markieren Sie zunächst einmal jeden Blickkontakt, den Ihnen Ihr Hund von sich aus anbietet, ohne dass Sie vorher ein Signal gegeben oder ein Geräusch gemacht haben, mit Click oder Markerwort und belohnen Sie Ihren Vierbeiner. Sie dürfen ihm das Futter dazu auch gern zuwerfen. Ihr Hund wird feststellen, dass es sich lohnt, zu Ihnen zu schauen. Sollten Sie im Lauf des Trainings feststellen, dass Ihr Hund sehr viel öfter als alle 50 m zu Ihnen sieht, loben Sie ihn häufiger freundlich, ohne eine zusätzliche Futterbelohnung zu verwenden.

BLICKKONTAKT NACH AUFFORDERUNG

Orientiert sich Ihr Hund auf dem Spaziergang allerdings wesentlich seltener als alle 50 m an Ihnen, fordern Sie ihn auf, Blickkontakt mit Ihnen aufzunehmen. Dazu dürfen Sie entweder ein Signalwort nutzen, sofern Sie dies zuvor trainiert haben, oder aber Sie sprechen Ihren Hund mit seinem Namen an. Sobald Ihr Hund zu Ihnen sieht, markieren Sie dieses Verhalten wiederum mit Click oder Markerwort und belohnen Sie Ihren Vierbeiner. Im Lauf der Zeit wird die regelmäßige Orientierung am Halter zu einem festen Ritual, das nur noch selten mit Futter belohnt wird.

Tritt nun eine Situation auf, in der Ihr Hund vertieft schnuppert und trotz gefestigtem Orientierungstraining lange keinen Blickkontakt zu Ihnen aufbaut, ist dies ein wertvoller Hinweis für Sie, dass Sie Ihren Hund zu sich rufen und unter Umständen auch anleinen sollten. Ihr Hund ist aus unterschiedlichen Gründen sehr abgelenkt. Es kann sich z. B. eine schmackhafte Leckerei in Form einer Dönertasche oder eines Schulbrotes in der Nähe befinden oder aber andere Umgebungsreize wie Hunde oder Kaninchen können Ihren Vierbeiner ablenken. Ein rechtzeitiges Reagieren kann jede Situation entspannen.

Blitz-Rückruf

Egal, ob es Frikadellen im Gebüsch, andere Hunde oder Kaninchen betrifft: ein sicherer Rückruf ist Gold wert! Wünschenswert ist dabei ein Hund, der – sobald er sein Rückrufsignal hört – sofort umkehrt und mit fliegenden Ohren auf seinen Halter zugestürmt kommt. Um dies zu erreichen, wird im Folgenden das Rückrufsignal Schritt für Schritt aufgebaut.

Der Rückruf kann mit Spielzeug belohnt werden.

TRAININGS-ZUBEHÖR

— leckeres Futter oder Lieblingsspielzeug
— ab Schritt 4: Geschirr und Schleppleine, eine Hilfsperson oder diverse Behältnisse zur Absicherung des Futters

Nach Wahl:
— Pfeife
— Futterbeutel

VORBEREITUNGEN

Damit Ihr Hund genau weiß, was von ihm erwartet wird, muss ein eindeutiges Signal verwendet werden. Für den Rückruf bedeutet das: Wird häufig zwischen Signalen wie „Zu mir", „Komm" oder „Hier" gewechselt, ist der Lernerfolg beim Hund nicht optimal. Verwenden Sie daher stets das gleiche Signalwort.

1

1. Hund und Halter stehen sich gegenüber.

2. Nach dem Pfiff gibt es Futter.

2

Ist es bereits häufig passiert, dass Ihr Hund, nachdem Sie ihn gerufen haben, nicht gekommen ist, sondern lieber weiter mit den Hundefreunden gespielt hat oder noch schnell eine Portion Pferdeäpfel gefrühstückt hat, sollten Sie nach Möglichkeit das Rückruftraining mit einem neuen, unvorbelasteten Signalwort beginnen, bei dem es bisher zu keinen Fehlverknüpfungen gekommen ist. Es ist auch möglich, eine Pfeife zu verwenden. Diese bietet den Vorteil, dass sie immer gleich klingt – auch bei aufgeregter Stimmungslage des Halters. Zudem tönt sie oft über größere Distanzen als die menschliche Stimme. Unter stärkerer Ablenkung wird ein lang gezogener Pfiff oder ein Doppelpfiff besonders gut wahrgenommen und sollte daher von Beginn an im Training verwendet werden.

SCHRITT 1

Der erste Schritt des Rückruftrainings dient dazu, dass der Hund eine Verknüpfung zwischen Signalwort bzw. Pfiff und Futter oder Spielzeug herstellt. Dazu ist es wichtig, dass Ihr Hund das Futter oder Spielzeug innerhalb einer Sekunde nach Ertönen des Signalworts bzw. Pfiffes erhält.
Beginnen Sie zunächst in einer ablenkungsarmen Umgebung. Stellen Sie sich direkt vor oder neben Ihren Hund und sprechen Sie das Rückrufsignal

aus bzw. pfeifen Sie mit der Hundepfeife. Unmittelbar danach nehmen Sie etwas Futter und füttern Ihren Hund damit. In diesem Schritt ist es nicht erforderlich, dass Sie oder Ihr Hund sich von der Stelle bewegen. Arbeiten Sie hingegen mit dem Lieblingsspielzeug Ihres Hundes, beginnen Sie direkt nach Aussprache des Rückrufwortes bzw. nach dem Pfiff ein Zergelspiel oder aber werfen Sie das Spielzeug hinter sich. Das Spielzeug sollte jedoch nicht nach vorne geworfen werden, da es sonst im weiteren Verlauf des Trainings passieren kann, dass Ihr Vierbeiner nicht mehr auf Sie zugelaufen kommt, sondern in der Entfernung auf den Wurf des Spielzeugs wartet. Beachten Sie, dass Sie beim Einsatz eines Spielzeugs mindestens eine Minute lang mit Ihrem Hund spielen sollten. Ansonsten ist der Frust, das Spielzeug sofort wieder hergeben zu müssen, häufig größer als die Freude, damit zu spielen.
Bei der Arbeit mit Futter ist es daher möglich, innerhalb kurzer Zeit viele Wiederholungen zu trainieren. Beim Einsatz eines Spielzeugs wird deutlich mehr Zeit benötigt.
Wiederholen Sie diesen ersten Schritt pro Trainingseinheit 10 bis 15 Mal. Üben Sie über zwei Wochen mehrmals täglich an unterschiedlichen Orten.

2

SCHRITT 2

In diesem Schritt kommt die Bewegung hinzu. Stellen Sie sich, wie auch in Schritt 1, direkt vor oder neben Ihren Vierbeiner. Sprechen Sie dann Ihr Rückrufsignal aus bzw. pfeifen Sie und laufen Sie zügig einige Schritte rückwärts, sodass Ihr Hund Ihnen folgt. Nach wenigen Metern belohnen Sie Ihren Hund mit Futter oder aber Sie spielen gemeinsam eine Runde mit seinem Lieblingsspielzeug. Auch Schritt 2 sollte mehrmals täglich mit unterschiedlicher Ablenkung geübt werden.

SCHRITT 3

Nachdem Ihr Hund das Rückruf-Signalwort bzw. den Pfiff schon in vielen Situationen mit einer tollen Belohnung verknüpfen durfte, geht es nun an den Transfer in den Alltag. Um einen sicheren Rückruf zu trainieren, lohnt es sich, zunächst in geringer Ablenkung zu beginnen. Für die nächsten zwei Wochen sollten

1. Im zweiten Schritt läuft der Hund auf seine rückwärts gehende Halterin zu.

1

3

Sie Ihren Hund daher mit dem Signalwort oder dem Pfiff heranrufen, wenn er ohnehin gerade in Ihrer Nähe ist oder Sie anschaut. Vergessen Sie nie, Ihren Hund großzügig für sein Kommen zu belohnen.

SCHRITT 4

Je sicherer der Rückruf klappt, desto mehr kann er auch in ablenkungsreicheren Situationen eingesetzt werden. Gehen Sie jedoch in kleinen Schritten vor, sodass Ihr Hund nach Möglichkeit niemals die Erfahrung macht, nach dem Rückrufsignal nicht zu kommen. Das trifft sowohl auf Hundebegegnungen und Jagdsituationen, aber auch auf ausliegendes Futter zu. Um den Hund zuverlässig von jeglichen Leckereien abrufen zu können, bietet es sich an, zunächst einmal wenig schmackhaftes Futter in großer Entfernung auszulegen. Sobald Ihr Hund den Fund entdeckt hat, sprechen Sie Ihr Rückruf-Signalwort aus bzw. pfeifen Sie. Kommt Ihr Hund auf Sie zugelaufen, hat er sich eine

tolle Belohnung verdient. Für den Fall, dass Ihr Vierbeiner nicht kommt, sollten Sie Vorkehrungen treffen: Entweder üben Sie mit einer langen Leine, die ihn davon abhält, sich mit dem Fressen des Futters für ein Nichtkommen zu belohnen, oder aber Sie sichern das Futter ab. Dies kann z. B. durch eine Hilfsperson geschehen, die die Leckerei im Notfall schnell an sich nimmt. Alternativ kann auch das Futter in einer stabilen Dose mit einem gelöcherten Deckel o. Ä. abgesichert werden. Üben Sie anschließend in einer größeren Distanz oder verwenden Sie weniger schmackhaftes Futter. Mit zunehmenden Wiederholungen wird der Rückruf immer routinierter und Sie dürfen auch Alltagssituationen, wie überquellende Mülleimer oder weggeworfene Dönertaschen, in Ihr Training mit einbeziehen. Je öfter Sie Ihren Vierbeiner erfolgreich von Fressbarem zurückrufen bzw. -pfeifen können, desto verlässlicher wird das Signal.

2. Der Rückruf wird erst einmal nur in ablenkungsarmer Umgebung eingesetzt.

3. Das gelungene Abrufen von einer Chipstüte ist für Hund und Halter ein toller Erfolg.

BLITZ-RÜCKRUF —
VIER SCHRITTE IM ÜBERBLICK

1.
Signalwort aussprechen/pfeifen — zum Futter greifen — Hund füttern ODER Signalwort aussprechen/pfeifen (— Spielzeug nach hinten werfen) — mit Hund spielen

2.
Signalwort aussprechen/pfeifen — rückwärts-laufen — Hund kommt mit — zum Futter greifen — Hund füttern ODER Signalwort aussprechen/pfeifen — rückwärtslaufen — Hund kommt mit (— Spielzeug nach hinten werfen) — mit Hund spielen
Schwierigkeitsfaktor Trainingsumgebung

3.
Hund schaut — Signalwort aussprechen/pfeifen — Hund kommt — zum Futter greifen — Hund füttern ODER Hund schaut — Signalwort aussprechen/pfeifen — Hund kommt (— Spielzeug nach hinten werfen) — mit Hund spielen
Schwierigkeitsfaktor Trainingsumgebung

4.
Hund bemerkt ausliegendes Futter — Signalwort aussprechen/pfeifen — Hund kommt — zum Futter greifen — Hund füttern ODER Hund bemerkt Futter — Signalwort aussprechen/pfeifen — Hund kommt (— Spielzeug nach hinten werfen) — mit Hund spielen
Schwierigkeitsfaktoren Trainingsumgebung, Schmackhaftigkeit des Futters, Entfernung zum Futter

STOLPERFALLEN UND LÖSUNGSVORSCHLÄGE

Was tun, wenn der Hund nicht auf das Signalwort bzw. den Pfiff reagiert?

Wenn Ihr Hund nicht auf das Rückrufsignal reagiert und Sie noch am Anfang des Trainings stehen, ist es möglich, dass Sie die Anforderungen zu schnell gesteigert haben und Ihr Hund es noch nicht schafft, unter dieser Ablenkung zu Ihnen zurückzukommen. Gehen Sie zu Ihrem Vierbeiner und holen Sie ihn vor Ort ab. Anschließend können Sie an eben diesem Ort den ersten und zweiten Schritt des Trainings wiederholen. Versuchen Sie, sich der Situation in kleineren Schritten zu nähern. Wenn Ihr Hund nicht auf den Rückruf reagiert, wenn er sich 20 cm vor der Pizza befindet, klappt es vielleicht aus 2 m Entfernung? Anschließend kann die Entfernung Schritt für Schritt verringert werden. Die Windrichtung spielt dabei eine wichtige Rolle. Weht der Wind den Duft der Pizza vom Hund weg, wird der Rückruf auch in geringer Distanz funktionieren. Wird der Duft jedoch zum Hund getragen, kann es sein, dass er einen größeren Abstand benötigt, um noch auf das Signal reagieren zu können. Beachten Sie, dass der Erfolg des Rückrufs auch von der Tagesform Ihres Hundes und etwaigen gesundheitlichen Problemen abhängen kann.

Was tun, wenn der Hund schon kommt, sobald die Pfeife zum Mund geführt wird?

Ist Ihr Hund ein guter Beobachter, wird er schnell feststellen, dass die Pfeife immer unmittelbar vor dem Pfiff zum Mund geführt wird. Diese Bewegung wird also zur Ankündigung des Pfiffes. Grundsätzlich ist dies keine schlimme „Nebenwirkung" des Trainings. Wenn Sie jedoch trainieren möchten, dass Ihr Hund ausschließlich auf den Pfiff reagiert, führen Sie die Pfeife häufig zum Mund ohne anschließend zu pfeifen. So verliert diese Geste an Bedeutung.

Hunde sind gute Beobachter. Manche lauern regelrecht darauf, dass die Pfeife zum Mund geführt wird und starten sofort durch.

Aus dem Alltag
Fiete, ein „Staubsauger-Hund"

Die Verlockungen der Großstadt machten die Bulldogge zu einem wahren Meister der Schatzsuche. Erst durch ein umfangreiches Training konnten auch die Halter den Spaziergang wieder genießen.

Fiete, ein Continental Bulldog-Rüde, kam mit 15 Monaten direkt vom Land in die Großstadt. Obwohl er bei seinem ersten Frauchen viel gelernt hatte, waren die Anforderungen, die Hannover an ihn stellte, doch ganz andere. Von Anfang an war Fiete mit Leib und Seele ein „Staubsauger". Er fraß zwar nie Müll im Sinne von Plastik oder Verpackungen und auch nie Exkremente, aber Brötchenkrümel, Apfelbutzen, alles was der Mensch so liegen lässt… war seins. Das führte leider dazu, dass Fiete sich häufig übergeben musste, weil er etwas nicht vertragen hatte. Aber auch die Besitzer hatten mehrfach schlaflose Nächte, wenn sie hofften, dass der Pfirsichkern, der da irgendwo in seinem Bulldoggenbauch steckte, auch wieder herauskam. In der Hundeschule lernte Fiete die Übung „Lass es liegen". Doch vor seinem Haus befindet sich ein wahres Schlaraffenland: Vor einem Dönerladen sind zuverlässig Essensreste zu finden und die 90-jährige Nachbarin wirft für die Tauben Brotkanten aus dem Fenster. So kam es oft vor, dass Fiete die Leckereien noch vor seinen

Haltern bemerkte und er stets kleine Erfolge hatte, bevor seine Besitzer ihm mit dem auftrainierten Signal dazu bewegen konnten, den Fund nicht anzurühren. Freilauf war im Sommer kaum noch möglich, weil die Leute im Park grillten und ihre Reste liegen ließen. Fiete witterte diese Würstchenreste auf 50 m und zischte davon. Der endgültige Anstoß, mit einem gezielten Anti-Giftköder-Training zu beginnen, war, dass Fiete mittlerweile auch seine Leinenführigkeit verlor. Sein

ganzes Verhalten hatte sich auf die Müllsuche fokussiert. Er zog hin und her und suchte permanent nach Fressbarem. Fiete checkte alte Kaugummiflecken ab, in der Hoffnung, sie würden ihm schmecken, und der Spaziergang mit ihm wurde immer anstrengender. Mehrfach hatten Fietes Besitzer versucht, ihm den Müll hektisch zu entreißen, sodass er inzwischen alles schnell hinunterwürgte, was er fand. Das war der Ausgangspunkt, bei dem das Anti-Giftköder-Training begann. Seit einigen Monaten trainieren Fiete und seine Besitzer insbesondere die Übungen „Zeig mir, was du gefunden hast", „Spuck es aus" sowie den Blitz-Rückruf von Fressbarem. Ein Maulkorb hat am Anfang geholfen, „unbeschadet" das Schlaraffenland vor der Haustür zu passieren. Der Müll spielt so nun endlich nicht mehr die Hauptrolle auf den gemeinsamen Spaziergängen und Fiete lernt immer mehr, wie er damit umgeht, wenn er doch mal über eine Leckerei stolpert. Die gemeinsame Zeit können Fiete und seine Besitzer wieder deutlich entspannter genießen.

SPEZIELLES ANTI-GIFTKÖDER-TRAINING

PERFEKTE RIECHLEISTUNG

Dank ihrer ausgezeichneten Nase finden viele Vierbeiner Leckereien auf dem Spaziergang deutlich vor dem Halter. Zuverlässig funktionierende Signale sind daher umso wichtiger.

Einsatz der Übungen

Das gezielte Anti-Giftköder-Training soll Ihren Vierbeiner
vor der Aufnahme gesundheitsgefährdender Stoffe
auf dem Spaziergang, im Garten und zu Hause schützen.

Wenn es um „gefundenes Fressen" auf den täglichen Gassirunden geht, gibt es lediglich zwei Möglichkeiten. Zum einen kann es sein, dass Sie den Fund zuerst bemerken. Zum anderen ist es aber auch möglich, dass unsere Vierbeiner den leckeren Fund zuerst entdecken. Aufgrund ihrer sehr guten Nase ist dies leider die häufigste Variante. Nach Abschluss des Trainings sind Sie und Ihr Hund für beide Situationen gerüstet: Entdecken Sie den Fund zuerst, können Sie Ihrem Vierbeiner durch die Übung „Lass es liegen" mitteilen, dass er das Essen nicht aufnehmen soll. Alternativ können Sie ihn auch mit dem Blitz-Rückruf aus dem vorherigen Kapitel zu sich rufen und anschließend mit dem angeleinten oder „Bei-Fuß"-gehenden Hund an dem tollen Fund vorbeigehen und diesen einfach links liegen lassen. Findet Ihr Hund das Fressbare zuerst, verharrt er durch die Übung „Zeig mir, was du gefunden hast" vor der Leckerei, ohne sie sofort hinunterzuschlingen.

Sollte dennoch einmal ein Notfall eintreten, in dem beide Varianten nicht funktionieren und Ihr Vierbeiner bereits etwas im Maul hält, können Sie ihn durch die Übung „Spuck es aus" blitzschnell dazu bewegen, den Fund wieder auszugeben. Auch für die hier beschriebenen Übungen gilt: Üben Sie in kleinen Schritten, damit Ihr Hund die neuen Signale möglichst fehlerarm und mit vielen Erfolgen lernt. So werden die Signale später besonders sicher befolgt. Grundsätzlich sollten Sie immer nur einen Schwierigkeitsfaktor zur Zeit steigern. Versuchen Sie also beispielsweise nicht, den Hund in einem Zug von schmackhafterem Futter aus einer kürzeren Distanz in einer aufregenderen Umgebung abzurufen, sondern entscheiden Sie sich zunächst für eine der drei Varianten. Bei allen Signalen ist es sinnvoll, das Training zunächst in einer reizarmen Umgebung, wie z. B. der eigenen Wohnung, zu beginnen, um dann die Ablenkung Stück für Stück, z. B. bis hin zur Hundewiese, zu steigern.

Übung „Lass es liegen"

In dieser Übung wird ein Signal trainiert, auf das der Hund einen Fund liegen lassen und sich davon abwenden soll. Das Signal kann in verschiedenen Situationen, also beispielsweise auch bei Hunde- und Menschenbegegnungen, eingesetzt werden.

TRAININGSZUBEHÖR

— Liste der Lieblingssnacks Ihres Hundes
— Futter unterschiedlicher Schmackhaftigkeit (z. B. Trockenfutter, Möhrenstückchen, Käsestückchen usw.)
— ab Schritt 6 Geschirr und (Schlepp-)Leine, eine Hilfsperson oder diverse Behältnisse zur Absicherung des Futters

Nach Wahl:
— Futterbeutel
— Clicker

Bemerken Sie auf dem Spaziergang, dass Ihr Hund großes Interesse an einem verdächtigen oder unappetitlichen Fund zeigt, diesen aber noch nicht in sein Maul genommen hat, können Sie mit dem Signal „Lass es liegen" eine Aufnahme verhindern. War Ihr Hund schneller und der Fund ist bereits in der Schnauze verschwunden, sollte das Signal „Spuck es aus" eingesetzt werden, das im weiteren Verlauf dieses Buches noch beschrieben wird.

VORBEREITUNGEN

Obwohl bekannt ist, dass Hunde zunächst einmal kein einziges Wort unserer Sprache verstehen, wird dennoch häufig vorausgesetzt, dass die Vokabel „Nein" allen Hunden von Geburt an bekannt ist. Dass dies jedoch nicht der Fall ist, wird dann besonders deutlich, wenn trotz „Nein" der frische Pferdeapfel hinuntergeschlungen oder das Leberwurstbrot vom Tisch geklaut wird. Auch eine besonders strenge Aussprache des „Neins" oder eine bedrohliche Körpersprache können dabei ein strukturiertes Training nicht

Die linke Hand umschließt vollständig das Futter, sodass der Vierbeiner nicht herankommen kann.

ersetzen und führen langfristig gesehen nicht zu einem annähernd vergleichbaren Erfolg. Vor diesem Hintergrund raten wir dazu, für die Übung „Lass es liegen" ein dem Hund gänzlich unbekanntes Wortsignal zu verwenden. Das Wort sollte also vorher nicht im Training verwendet worden sein und auch nicht häufig im täglichen Sprachgebrauch vorkommen. Auch eine leichte Aussprache ist im Notfall vorteilhaft. Wörter wie „Off", „No", „Lass" oder „Tabu" bilden einige Beispiele, das weitverbreitete „Nein" ist in der Regel wenig geeignet. Während des Trainings der Übung „Lass es liegen" wird für einen kurzen Moment Frustration beim Hund erzeugt, da er das gewünschte Futter nicht erreichen kann. In seltenen Fällen können Hunde aus der Frustration heraus Aggressionsverhalten zeigen. Sollte dies bei Ihrem Vierbeiner der Fall sein oder sollten Sie sich nicht sicher sein, wenden Sie sich zur Unterstützung bitte an eine/-n auf Verhaltensmedizin spezialisierte/-n Tierarzt/-ärztin oder eine/-n auf Basis der positiven Verstärkung arbeitende/-n Hundetrainer/-in.

SCHRITT 1

Nehmen Sie zu Beginn des Trainings ein paar nicht so toll schmeckende Futterstückchen, wie z. B. Möhrenstückchen oder Trockenfutter, in die linke Hand. In der rechten Hand halten Sie den Clicker, sofern Sie diesen nutzen, sowie einige deutlich besser schmeckende Futterstückchen. Hocken oder setzen Sie sich nun zu Ihrem Hund auf den Boden und verbergen Sie die rechte Hand hinter Ihrem Rücken. Die linke Hand mit dem uninteressanten Futter hingegen platzieren Sie vor sich auf dem Boden. Abhängig vom Trainingsstand des Vierbeiners kann es sein, dass er zunächst versucht, mit allen Mitteln an das Futter in Ihrer linken Hand zu gelangen. Halten Sie das Futter dennoch sicher in Ihrer Hand verschlossen und warten Sie ab. Sagen Sie dabei kein Wort und machen Sie auch kein Geräusch und keine Geste. Sobald Ihr Hund für den Bruchteil einer Sekunde etwas anderes tut, als Ihre linke Hand zu bearbeiten, also beispielsweise von Ihrer linken Hand zurückweicht, kurz den Blick in eine andere Richtung wirft oder Ihre rechte Hand ansteuert,

1|

2|

1. Ein Zurückweichen des Hundes wird mit Markerwort oder Clicker markiert.

2. Der Clicker kann in der rechten Hand hinter dem Rücken gehalten werden.

———

markieren Sie dieses Verhalten mit dem Click oder Ihrem Markerwort. Hierbei kommt es auf Schnelligkeit an, denn Sie haben unter Umständen nur eine halbe Sekunde Zeit, bevor sich Ihr Vierbeiner erneut auf Ihre linke Hand stürzt. Nach dem Click oder Markerwort locken Sie Ihren Hund mit der rechten Hand weit weg von Ihrer linken und belohnen ihn mit den schmackhaften Leckerchen. Dieses vollständige Abwenden von dem Futter auf dem Boden ist das Ziel der Übung und soll schon jetzt mittrainiert werden. Ihre linke Hand sollte dabei möglichst auf dem Boden liegen bleiben, da auch das Futter später im Alltag an Ort und Stelle liegen bleiben wird.

Nach dem Fressen der Belohnung stürzen sich manche Hunde direkt wieder auf die linke Hand, die auf dem Boden liegt. In diesem Fall warten Sie wiederum ab und belohnen ein kurzes Zurückweichen oder Wegsehen wie oben beschrieben. Es

ist aber auch möglich, dass Ihr Hund zögert und sich nicht direkt an der Hand zu schaffen macht. Insbesondere die Vierbeiner, die bereits einige Übungen zur Selbstkontrolle, die in dem vorherigen Kapitel beschrieben wurden, absolviert haben, zeigen dieses Verhalten bereits von Beginn an. Ist das der Fall, markieren Sie das Zögern mit dem Click oder Markerwort und belohnen Sie Ihren Hund in gewohnter Art und Weise weit entfernt von der linken Hand mit den guten Leckerchen aus der rechten. Versäumen Sie auch im weiteren Verlauf des Trainings keine Gelegenheit, Ihren Hund für unaufgefordertes Abwenden von Futter zu belohnen, und warten Sie nicht erst darauf, dass er sich auf seinen Fund stürzt. Sonst kann es schnell passieren, dass Ihr Vierbeiner eine Verhaltenskette bildet, in der er sich immer zunächst auf das Futter stürzt, bevor er zurückweicht. Das Ziel ist es aber, dass unsere Hunde das Futter von vornherein meiden.

Zeigt Ihr Vierbeiner in der überwiegenden Anzahl der Wiederholungen keine Anstalten, an das Futter in Ihrer geschlossenen linken Hand zu gelangen, sondern wartet stattdessen kurz ab, können Sie mit Schritt 2 fortfahren.

SCHRITT 2

In diesem Schritt halten Sie das Futter nun nicht mehr in Ihrer geschlossenen linken Hand, sondern Sie legen es auf den Boden und decken es jedoch weiterhin mit Ihrer flachen Hand ab. Wie schon in Schritt 1 markieren Sie ein kurzes Zurückweichen oder Zögern mit

Click oder Markerwort und belohnen Ihren Hund möglichst weit entfernt mit einem schmackhaften Futterstück aus Ihrer rechten Hand. Im Lauf des Trainings werden Sie feststellen, dass Sie das Futter mit Ihrer linken Hand nur noch selten abdecken müssen, da Ihr Hund bereits in einigen Wiederholungen lernen konnte, dass sich Abwarten vor dem Futter lohnt. Wenn es innerhalb von zehn Wiederholungen nur zwei Mal oder weniger notwendig ist, dass Sie das Futter abdecken, um es vor dem Hinunterschlingen durch Ihren Hund zu schützen, dürfen Sie zu Schritt 3 übergehen.

Nach dem Click oder Markerwort erhält der Hund aus der rechten Hand die Futterbelohnung, während die linke Hand weiterhin auf dem Boden bleibt.

1. Der Hund hält vor dem Brötchen inne und sieht seine Halterin an.

2. Auch wenn der Mensch steht, sollte der Hund vor dem Futter innehalten.

2

1

rücknehmendes Verhalten mit Click oder Markerwort und belohnen Sie in bekannter Weise weit entfernt aus der rechten Hand. Mit zunehmender Wiederholung lernt Ihr Vierbeiner, das Zurücknehmen vor auf dem Boden liegendem Futter mit dem neuen Signalwort zu verbinden.

SCHRITT 3

Jetzt wird es spannend, denn es darf erstmals das zukünftige Signalwort eingesetzt werden. Sie beginnen zunächst wie in Schritt 2, indem Sie einige Stückchen eines wenig interessanten Futters mit der linken Hand auf den Boden legen. Ein Abdecken mit der Hand sollte nun in der Regel nicht mehr erforderlich sein. Zögert Ihr Hund nun und stürzt sich nicht direkt auf das Futter, sprechen Sie mit neutraler oder freundlicher Stimme und für den Hund deutlich hörbar das neue Signalwort aus. Markieren Sie sein zu-

SCHRITT 4

Sie und Ihr Hund haben bereits einige Routine in dieser neuen Übung, sodass es jetzt etwas schwieriger wird. Nachdem Sie mit der linken Hand wenig schmackhaftes Futter auf den Boden gelegt haben und das neue Signalwort ausgesprochen haben, markieren Sie nicht unmittelbar ein kurzes Zögern Ihres Hundes, sondern warten Sie, bis er Blickkontakt zu Ihnen sucht. Einige Hunde blicken sehr schnell zu ihren Menschen, andere benötigen anfangs etwas Hilfe, beispielsweise durch ein kurzes Geräusch, das die Aufmerksamkeit

3

4

Ihres Vierbeiners auf Sie lenkt. Markieren Sie nun den Blickkontakt mit Click oder Markerwort und belohnen Sie Ihren Hund weit entfernt mit schmackhaftem Futter aus der rechten Hand. Wenn Ihr Hund auf das Signalwort hin zuverlässig vor dem Futter auf dem Boden wartet und Sie kurz ansieht, steigern Sie in kleinen Schritten die Dauer des Blickkontakts, bis Ihr Hund es schafft, Sie einige Sekunden lang anzuschauen, bevor er belohnt wird. Klappt dieser Schritt an unterschiedlichen Orten, kann es mit Schritt 5 weitergehen.

SCHRITT 5

Nun dürfen Sie endlich die sitzende oder hockende Position auf dem Boden verlassen und sich hinstellen. Legen Sie wenig schmackhaftes Futter mit der linken Hand auf den Boden, richten Sie sich auf und sprechen Sie das Signalwort aus. Wartet

Ihr Hund vor dem Futter und schaut Sie an, markieren Sie dieses tolle Verhalten mit Click oder Markerwort. Locken Sie Ihren Hund nun mit der rechten Hand einige Meter weiter und füttern Sie ihn dort mit einer leckeren Belohnung. Versucht Ihr Hund jedoch, sich auf das am Boden liegende Futter zu stürzen, sichern Sie es zügig mit Ihrem Fuß ab, sodass Ihr Hund nicht an das Futter gelangen kann. Warten Sie auf das erwünschte Verhalten (abwarten und Blickkontakt aufbauen) und markieren Sie dies mit Click oder Markerwort. Die Belohnung erfolgt wiederum wie beschrieben. Grundsätzlich sollten Sie das Signalwort lediglich ein Mal aussprechen. Wenn Sie das Signalwort immer wieder geben, während Ihr Hund eifrig an Ihrem Schuh kratzt, um an das Futter zu gelangen, wird er genau dieses Verhalten mit dem Signalwort verbinden. Dies gilt es zu vermeiden.

3. Im Stehen wird der Blickkontakt mit Clicker oder Markerwort markiert.

4. Anschließend folgt die Belohnung in einiger Entfernung zum Brötchen.

Zu Beginn des Trainings kann der Hund an der Leine geführt werden. So kann das Brötchen nicht gefressen werden, sollte der Hund nicht auf das Signal reagieren.

SCHRITT 6

Der Übungsaufbau nähert sich nun immer weiter den alltäglichen Situationen an. Sie legen nun das wenig interessante Futter nicht mehr direkt vor sich auf den Boden, sondern platzieren es einige Meter entfernt von sich, während Ihr Hund angebunden oder im „Bleib" dabei zusieht. Daraus folgt allerdings, dass Sie das Futter nicht mehr selbst mit der Hand oder dem Fuß absichern können, sodass es anderer Absicherungen bedarf. Eine Möglichkeit besteht darin, dass Sie Ihren Hund am Geschirr anleinen und durch die Leinenlänge ein Aufnehmen des Futters verhindern, sollte Ihr Vierbeiner nicht auf das Signalwort reagieren. Achten Sie bei dieser Variante darauf, dass Sie das Signalwort immer aussprechen, wenn die Leine noch locker durchhängt. Die Leine sollte sich nur im Notfall straffen, wenn Ihr Vierbeiner nicht

auf das Signalwort reagiert und zum Futter laufen möchte. Kennt Ihr Hund das Signalwort nur in Verbindung mit einer straff gehaltenen Leine, ist es im weiteren Trainingsverlauf sehr schwierig, ohne Leine zu trainieren. Gern dürfen Sie auch eine Schleppleine verwenden, die auf dem Boden schleift, sodass Sie im Notfall auf die Leine treten können, um Ihren Hund zu bremsen. Eine andere Möglichkeit besteht darin, dass Sie eine Hilfsperson bitten, das ausgelegte Futter mit der Hand oder dem Fuß abzusichern. Bei dieser Variante muss der Hilfsperson genau erklärt werden, dass das Futter erst gesperrt werden sollte, nachdem Sie das Signalwort ausgesprochen haben, und auch nur, wenn es unbedingt erforderlich ist. Andernfalls lernt Ihr Hund sich abzuwenden, sobald die Hilfsperson Hand oder Fuß auf das Futter legt. Dies ist für den

Wird ohne Leine trainiert, kann eine Hilfsperson das ausgelegte Futter im Notfall aufheben oder mit dem Fuß absichern, um eine Aufnahme zu verhindern.

Alltag kein sinnvoller Lerneffekt. Die letzte Möglichkeit bildet die Nutzung von diversen, im Basistrainingsteil beschriebenen Behältnissen zur Absicherung des Futters.

Los geht's

Arbeiten Sie in diesem Trainingsschritt mit der Distanz zu dem ausgelegten Futter. Beginnen Sie zunächst in etwa 4 Metern Entfernung. Sobald Sie bemerken, dass Ihr Hund das Futter wahrgenommen hat, indem er in die Richtung wittert, blickt oder läuft, sprechen Sie das Signalwort aus. Hält Ihr Hund inne und blickt Sie an, markieren und belohnen Sie dieses tolle Verhalten großzügig. Hält Ihr Vierbeiner inne, sieht Sie jedoch nicht sofort an, helfen Sie ihm, indem Sie mit einem Geräusch seine Aufmerksamkeit erlangen. Markieren Sie wiederum sein Verhalten mit Click oder Markerwort und belohnen Sie Ihren Hund. Wie auch in Schritt 5 sollten Sie Ihren Hund mit der Belohnung einige Meter von dem Futter weglocken. Reagiert Ihr Hund nicht auf das Signalwort und läuft er direkt zum ausgelegten Fut-

Mit einem Fischbräter können Leckereien abgesichert werden.

ter, wird er entweder durch die Leine, die Hilfsperson oder das Behältnis an der Aufnahme des Futters gehindert. Warten Sie auf das gewünschte Verhalten, ohne das Signalwort ein weiteres Mal zu wiederholen, und belohnen Sie dieses. Machen Sie eine kurze Pause und wiederholen Sie die Übung nach der Pause aus einer größeren Distanz. Mit zunehmender Anzahl an Trainingswiederholungen können Sie die Distanz zwischen Ihrem Hund und dem Futter immer weiter verringern. Die Distanz zwischen Ihnen und Ihrem Hund hingegen sollten Sie schrittweise vergrößern, da die meisten Vierbeiner auf dem Spaziergang in der Regel einige Meter vor oder hinter den Menschen laufen. Je mehr erfolgreiche Wiederholungen Sie mit Ihrem Hund absolviert haben, desto mehr dürfen Sie sich trauen, die Absicherungen zu reduzieren. Kürzen Sie die Schleppleine oder öffnen Sie den Deckel der Dose immer weiter, bis die Leckerchen schließlich ohne Absicherung

auf dem Boden liegen und Sie mit Ihrem Hund ohne Leine arbeiten. Wenn Ihr Hund sich an unterschiedlichen Orten auf das Signalwort hin sofort vom Futter abwendet und Sie ansieht, auch wenn er sich unmittelbar vor dem leckeren Fund befindet und Sie in einigen Metern Entfernung stehen, haben Sie bereits sehr viel erreicht.

SCHRITT 7

Ihr Vierbeiner kann sich nun zuverlässig auf ein Signalwort hin von nicht ganz so leckerem Futter auf dem Boden abwenden. Leider sind viele Funde auf dem Spaziergang jedoch ganz und gar nicht wenig schmackhaft, sondern sehr verlockend. Daher geht es in diesem Trainingsschritt darum, die Wertigkeit des Futters, das auf dem Boden ausliegt, schrittweise zu erhöhen. Achten Sie im Training jedoch darauf, dass Sie Ihren Hund

1

immer mit etwas Besserem belohnen können. Die Liste der Lieblingssnacks Ihres Hundes kann Ihnen helfen. Sind Sie nach einer Weile in einem Bereich, indem Sie die Schmackhaftigkeit des ausgelegten Futters nicht mehr steigern können, belohnen Sie Ihren Hund mit einer größeren Menge ebendieses Futters. Wenn Ihrem Hund die Übungen in Schritt 6 auch mit sehr leckerem Futter gelingen, können Sie zu Recht stolz sein. In Schritt 8 geht es nun um den Einsatz im Alltag.

SCHRITT 8

Um die Übung „Lass es liegen" auch zuverlässig im Alltag einsetzen zu können, sollten Sie regelmäßig mit Ihrem Hund auf dem Spaziergang üben. Legen Sie dazu heimlich Futter aus, ohne dass Ihr Hund Sie beobachten kann. Noch schwieriger wird es, wenn eine Hilfsperson

die Verlockungen auslegt, sodass auch Sie nicht wissen, wann Ihr Hund etwas finden könnte. Profis dürfen nun auch das Weglocken von dem Futter durch „Fuß"-Gehen ersetzen. Nachdem Sie also das Signalwort ausgesprochen haben, Ihr Hund sich vom Fund abwendet und Sie anschaut, geben Sie ihm als nächstes das Signal für „Fuß"-Gehen. Erst nachdem Sie einige Meter gegangen sind, markieren Sie das vorbildliche Verhalten Ihres Hundes mit Click oder Markerwort und belohnen ihn ausgiebig.

1. Sich von einem Würstchen abzuwenden, stellt eine große Herausforderung dar.

2. Wendet sich der Hund auch von den leckersten Funden ab, ist das Training abgeschlossen.

2

LASS ES LIEGEN —
ACHT SCHRITTE IM ÜBERBLICK

1.
Futter in linker Hand verschlossen auf den Boden legen — abwarten — kurzes Zurückweichen des Hundes mit Click/Markerwort markieren — mit rechter Hand von Futter weglocken und weit entfernt belohnen
Schwierigkeitsfaktor Trainingsumgebung

2.
Futter auf den Boden legen und zunehmend weniger mit der flachen Hand abdecken — abwarten — kurzes Zurückweichen des Hundes mit Click/Markerwort markieren — mit rechter Hand von Futter weglocken und weit entfernt belohnen
Schwierigkeitsfaktoren Trainingsumgebung, Grad des Futter-Abdeckens mit der Hand

3.
Futter auf den Boden legen — bei Abwarten des Hundes Signal-Wort aussprechen — Verhalten mit Click/Markerwort markieren — mit rechter Hand von Futter weglocken und weit entfernt belohnen
Schwierigkeitsfaktor
Trainingsumgebung

4.
Futter auf den Boden legen — Signal-wort aussprechen — Blickkontakt mit Click/Markerwort markieren — mit rechter Hand von Futter weglocken und weit entfernt belohnen
Schwierigkeitsfaktoren Trainings-umgebung, Länge des Blickkontaktes

5.

Futter aus dem Stehen auf den Boden legen –
Signalwort aussprechen – Blickkontakt mit Click/
Markerwort markieren – von Futter weglocken
und weit entfernt belohnen

Schwierigkeitsfaktoren Trainingsumgebung,
Abdecken des Futters mit dem Fuß

6.

Futter in einiger Entfernung auf den Boden legen –
Signalwort aussprechen – Blickkontakt mit Click/
Markerwort markieren – von Futter weglocken
und weit entfernt belohnen

Schwierigkeitsfaktoren Trainingsumgebung,
Entfernung zwischen Hund und Futter, Entfernung
zwischen Hund und Halter

7.

Immer schmackhafteres Futter in einiger
Entfernung auf den Boden legen – Signalwort aussprechen – Blickkontakt mit
Click/Markerwort markieren – von Futter
weglocken und weit entfernt belohnen

Schwierigkeitsfaktoren Trainingsum-
gebung, Schmackhaftigkeit des Futters,
Entfernung zwischen Hund und Futter,
Entfernung zwischen Hund und Mensch

8.

Bei Interesse an aus-
gelegtem Futter Signal-
wort aussprechen – Blick-
kontakt verbal loben –
Signal für „Fuß"-Gehen
geben – nach einigen
Metern Verhalten mit
Click/Markerwort mar-
kieren und belohnen

Schwierigkeitsfaktoren
Trainingsumgebung,
Schmackhaftigkeit des
Futters, Entfernung zwi-
schen Hund und Futter,
Entfernung zwischen
Hund und Mensch,
Überraschungseffekt für
Hund oder Mensch,
Länge des „Fuß"-Gehens

1

2

1. Setzt der Hund seine Zähne ein, um an das Futter zu gelangen, schützen Gartenhandschuhe.

2. Auch vor scharfen Krallen können stabile Handschuhe die Hände schützen.

STOLPERFALLEN UND LÖSUNGSVORSCHLÄGE

Was tun, wenn der Hund mit seinen Zähnen oder Krallen so heftig versucht, an das abgedeckte Futter zu gelangen, dass es an den Händen schmerzt?
Auf keinen Fall sollten Sie auf schmerzhaftes Kratzen oder Nagen hin die Hand beiseitenehmen und das Futter freigeben. Dadurch lernt Ihr Hund lediglich, dass er seine Zähne oder Krallen intensiv einsetzen muss, um ans Ziel zu kommen. Bei spitzen Welpenzähnen oder scharfen Krallen kann es daher helfen, Leder- oder Gartenhandschuhe zu tragen, um die eigenen Hände zu schützen. Alternativ können Sie das Futter auch mit einer durchsichtigen Dose oder Schüssel statt mit Ihren Händen abdecken.

Was tun, wenn der Hund sich in Schritt 1, 2 oder 3 nicht für die linke Hand auf dem Boden, sondern nur für das leckere Futter in der rechten Hand interessiert?
Sofern Ihr Hund, obwohl Sie die rechte Hand hinter Ihrem Rücken verbergen, nur an dem Futter dieser Hand interessiert ist, legen Sie das schmackhafte Futter aus der Hand und bewahren Sie es stattdessen in einem Futterbeutel auf. Wenn Sie zu Hause trainieren, können Sie auch eine Schale mit dem leckeren Futter auf einen nahen Tisch stellen. Ist Ihr Hund auch dann nicht an dem Futter in Ihrer linken Hand interessiert, dürfen Sie etwas Schmackhafteres als Verlockung auswählen.

Was tun, wenn sich der Hund, nachdem er sich auf das Signalwort hin von dem Futter abgewendet hat, sich nach der Belohnung aber sofort wieder darauf stürzen möchte?

Locken Sie Ihren Hund in diesem Fall noch weiter von dem ausgelegten Futter weg und belohnen Sie ihn in großer Entfernung. Falls Sie schon bei Schritt 8 angelangt sind, gehen Sie eine weitere Strecke mit Ihrem Vierbeiner im „Fuß". Es kann auch hilfreich sein, direkt im Anschluss andere Signale wie Sitz, Platz oder Lieblingstricks zu üben oder mit einem Spielzeug zu spielen. Achten Sie im Training darauf, nicht zu häufig an der gleichen Futterstelle zu üben, da sich durch das wiederholte Abwenden vom Futter und dem anschließenden Wiederhinschicken schnell ein „Pingpongeffekt" einstellen kann. Im Realeinsatz auf dem Spaziergang ist es ratsam, den Fund beispielsweise mit einem Kotbeutel einzusammeln und in den Müll zu werfen, um mögliche Gefahren auch für die folgende Gassirunden aus dem Weg zu räumen.

Wer so schön im „Bei Fuß" ein Käsebrot passieren kann, ist für den Alltag gewappnet.

ZEIG MIR, WAS DU GEFUNDEN HAST

Das selbstständige Anzeigen von Leckereien schützt
den Vierbeiner vor einer Aufnahme gefährlicher Dinge.

Übung „Zeig mir, was du gefunden hast"

Diese Übung hat das Ziel, dass Ihr Hund Fundsachen auf dem Spaziergang nicht mehr blitzartig hinunterschlingt, sondern Ihnen stattdessen diese Dinge anzeigt, indem er sich beispielsweise davor absetzt.

I st ein solches Anzeigeverhalten trainiert, benötigen Sie kein weiteres Signalwort, sondern das „gefundene Fressen" ist das Signal, auf das Ihr Hund sich selbstständig absetzt oder auch ein anderes Anzeigeverhalten zeigt. Dies ist sehr wichtig, da die Übung Situationen entschärfen soll, in denen Ihr Hund den Fund entdeckt, bevor Sie ihn gesehen haben.

VORBEREITUNGEN

Damit Ihr Hund Ihnen deutlich zeigen kann, dass er Fressbares auf dem Spaziergang gefunden hat, ist ein klares Anzeigeverhalten erforderlich. Dieses Anzeigeverhalten kann je nach Talent und Vorlieben des Hundes sowie abhängig von seinem Gesundheitszustand ganz unterschiedlich ausfallen. Eine gute Möglichkeit ist es, eine Sitz-Anzeige zu wählen, sodass Ihr Vierbeiner Ihnen Futter anzeigt, indem er sich davor absetzt. Leidet Ihr Hund aber z. B. unter einer Hüfterkrankung, kann das häufige Sitzen schmerzhaft sein und eine Alternative ist notwendig. Grundsätzlich ist erst einmal jede Übung, die Ihr Hund gern ausführt,

TRAININGSZUBEHÖR

— Liste der Lieblingssnacks Ihres Hundes
— Futter unterschiedlicher Schmackhaftigkeit (z. B. Trockenfutter, Möhrenstückchen, Käsestückchen usw.)
— Geschirr und (Schlepp-)Leine

Nach Wahl:
— Futterbeutel
— Clicker
— ab Schritt 5 diverse Behältnisse zur Absicherung des Futters

1. Besonders kleinere Hunde zeigen Futter auch gern durch „Männchen machen" an.

2. Futter kann auch angezeigt werden, indem der Hund ein Bringsel ins Maul nimmt.

als Anzeigeverhalten geeignet. So kann unter anderem auch das „Männchen-Machen" oder ein anderer Lieblingstrick genutzt werden. Die Anzeige sollte jedoch für Sie eindeutig zu erkennen sein, damit Sie es nicht versehentlich übersehen. Bei einer „seniorengerechten" Anzeige wie dem längeren Stehen oder einem längeren Blickkontakt kann dies durchaus passieren. Den meisten Hunden fällt zudem eine Platz-Anzeige bei Fressbarem schwer, da der Kopf des Hundes dem leckeren Fund zwangsläufig sehr nahe kommt und ein noch höheres Maß an Selbstkontrolle erfordert. Aus der Arbeit mit Rettungshunden stammt die sogenannte Verbell-Anzeige. Das bedeutet, dass Ihr Hund den fressbaren Fund so lange anbellt, bis Sie dazu kommen. Hierbei sollte man jedoch bedenken, dass ein laut und anhaltend bellender Hund nicht in jeder Situation und Umgebung willkommen ist. Als leise Variante für orthopädisch eingeschränkte Hunde sei hier noch das „Bringseln" erwähnt. Ihr Hund trägt dazu ein sehr kleines Dummy am Halsband, das er in sein

Maul nimmt und zu Ihnen trägt, sobald er draußen etwas Fressbares gefunden hat. Anschließend gehen Sie gemeinsam zu dem Fund. Das Training des „Bringselns" ist deutlich aufwendiger als eine Sitz-Anzeige oder die Anzeige durch ein anderes statisches Verhalten und würde den Umfang dieses Kapitels weit überschreiten. Sollten Sie jedoch diese Form der Anzeige wählen wollen, hilft Ihnen ein/-e auf Basis der positiven Verstärkung arbeitende/-r Hundetrainer/-in weiter.

Anzeigeverhalten separat trainieren

Wenn Sie sich nun für ein bestimmtes Verhalten entschieden haben, mit dem Ihr Hund Ihnen zukünftig Fressbares anzeigen soll, gilt es, dieses Verhalten so zu trainieren, dass Ihr Hund es allein auf ein Signalwort hin ausführen kann und anschließend für etwa 20 Sekunden in dieser Position verharren kann. Benötigt Ihr Hund bisher ein Handzeichen als Hilfe, gehen Sie zunächst so vor, dass Sie erst das Signalwort geben und etwa 1 Sekunde später das Handzeichen als Hilfe einsetzen. Führt Ihr Hund dann das Verhalten aus, markieren Sie dies mit Click oder Markerwort und belohnen Sie Ihren Hund. Nach einer Reihe von Wiederholungen hat Ihr Hund gelernt, dass auf dieses bestimmte Signalwort immer das bekannte Handzeichen folgt. Zukünftig wird er bereits auf das Signalwort mit dem gewünschten Verhalten reagieren. Steigern Sie anschließend die Dauer in kleinen Schritten, indem Sie das Verhalten immer später mit Click oder Markerwort markieren und belohnen. Um die Motivation Ihres Vierbeiners zu erhalten, sollten Sie ihn ab und zu auch schon nach kurzer Zeit belohnen. Für den Einsatz im Alltag ist es außerdem hilfreich, wenn Ihr Hund das gewünschte Verhalten nicht nur in einer bestimmten Ausrichtung zu Ihnen, also z. B. vor Ihnen stehend, ausführen kann, sondern in jeder erdenklichen Position.

SCHRITT 1

Legen Sie im ersten Schritt dieser Übung ein paar Stückchen uninteressantes Futter auf dem Boden aus, während Ihr Hund aus einiger Entfernung zusieht. Dazu darf Ihr Vierbeiner entweder im „Bleib" warten oder Sie binden ihn mit der Leine an. Wählen Sie zu Beginn eine Umgebung, die Ihren Hund wenig ablenkt. Das kann z. B. das Wohnzimmer sein oder aber der eigene Garten. In unübersichtlichem Gelände, wie einer ungemähten Wiese, kann ein Napf oder ein kleiner Teller die Sichtbarkeit des Futters erhöhen. Kehren Sie zu Ihrem Hund zurück und laufen Sie mit dem angeleinten Hund aus etwa 10 m Entfernung in gerader Strecke auf das ausgelegte Futter zu. Dann ist Schnelligkeit gefragt: Markieren Sie den Moment mit Click oder Markerwort, in dem Ihr Vierbeiner das ausgelegte Futter zwar

Eine Hilfsperson legt das Futter aus, während der Vierbeiner neben seiner Halterin wartet.

Das Training erfolgt zunächst in einiger Entfernung zum Futter.

Hundes beim Füttern wieder in Ihre Richtung. Sobald Ihr Hund wieder Interesse an dem Futter zeigt, markieren Sie das Verhalten wiederum mit Click oder Markerwort und belohnen ihn mit sehr schmackhaftem Futter in Ihrer unmittelbaren Nähe.

Es ist durchaus möglich, dass es gar nicht notwendig ist, ein weiteres Mal auf das ausgelegte Futter zuzulaufen, da Ihr Hund sich direkt nach der schmackhaften Belohnung wieder dafür interessiert. In diesem Fall bleiben Sie zunächst einmal für einige Wiederholungen in dieser Distanz stehen. Sobald Sie bemerken, dass es Ihrem Hund sehr leicht fällt, sich nach dem Blick zu dem ausgelegten Futter auf den Click oder das Markerwort hin zu Ihnen umzudrehen und er sich zunehmend entspannt, dürfen Sie einen Schritt näher an das ausgelegte Futter herangehen. Markieren Sie wiederum ruhiges Ansehen des Futters mit Click oder Markerwort und belohnen Sie Ihren Hund mit leckerem Futter.

Keine Hörzeichen

Achten Sie darauf, dass Sie Ihrem Hund in diesem Schritt nicht mit einem Signal wie „Halt", „Warte" oder „Nein" helfen. Da diese Übung im Alltag angewendet wird, wenn Ihr Hund den Fund vor Ihnen entdeckt, haben Sie im Ernstfall auch keine Möglichkeit, Ihrem Hund ein Signal zu geben. Daher sollte ausschließlich das ausgelegte Futter für Ihren Hund zum Signal werden, anzuhalten und in den nächsten Schritten auch den Fund anzuzeigen. Sollte es einmal passieren, dass Ihr Vierbeiner so schnell in Richtung des Futters läuft, dass es Ihnen nicht gelingt, ruhiges Abwarten rechtzeitig zu markieren

wahrgenommen hat, sich aber noch gelassen in Ihrer Nähe befindet. Sie können das Interesse Ihres Hundes an einem kurzen Wittern oder einem Blick in Richtung des ausgelegten Futters bemerken. Wichtig ist jedoch, dass Sie das Verhalten so frühzeitig mit Click oder Markerwort markieren, dass Ihr Hund noch nicht versucht, die Leckerei mit aller Kraft nach vorn stürzend zu erreichen. Belohnen Sie ihn im Anschluss mit schmackhaften Leckerchen und lenken Sie den Kopf Ihres

An lockerer Leine kann die Distanz zum ausgelegten Futter schrittweise verringert werden.

und zu belohnen, halten Sie ihn durch die Leine zurück. Vergrößern Sie anschließend die Entfernung zum ausgelegten Futter um mindestens 3 m. Sobald sich Ihr Hund aus der größeren Entfernung nun wiederum für das ausgelegte Futter interessiert, dabei aber ruhig neben Ihnen wartet, fahren Sie in der beschriebenen Art und Weise fort und verringern Sie die Distanz wieder Schritt für Schritt.

Beim Futter angekommen

Arbeiten Sie sich so in den nächsten Trainingseinheiten bis zum ausgelegten Futter vor. Ist es Ihnen gelungen, dass Ihr Vierbeiner in einer Distanz von weniger als einem halben Meter vor dem ausgelegten Futter innehält und abwartet, statt sich blitzartig daraufzustürzen, markieren Sie dieses tolle Verhalten in gewohnter Art und Weise mit Click oder Markerwort und belohnen Sie ihn mit schmackhaftem Futter. Zusätzlich dürfen Sie nun einige Stückchen des ausgelegten Futters

aufheben und Ihrem Vierbeiner zusätzlich zur Belohnung füttern. Es bietet sich an, sich bereits während des Fütterns einige Meter vom ausgelegten Futter zu entfernen, um anschließend entweder erneut auf das Futter zuzulaufen oder aber eine Pause einzulegen.

Verständlicherweise mag es zunächst widersprüchlich erscheinen, das ausgelegte Futter als Belohnung einzusetzen, da Sie ja nicht möchten, dass Ihr Hund Futter vom Boden aufnimmt und frisst. Dennoch ist es ein wichtiger Bestandteil des Trainings. Das Futter auf dem Boden wird dadurch enttabuisiert und verliert so im Lauf des Trainings an Bedeutung. Ihr Hund lernt, dass er nicht schneller sein muss als Sie, um an den leckeren Fund zu gelangen, sondern dass es sich lohnt, mit Ihnen zusammenzuarbeiten. Durch das Aufheben des Futters vor dem Verfüttern wird zudem ein klarer Unterschied gesetzt zu der Situation, in der sich der Vierbeiner draußen ungefragt an Fundsachen vom Boden bedient.

Kurze Übungsblöcke

Trainieren Sie diese Übung nicht länger als drei Minuten am Stück, da viel Selbstkontrolle von Ihrem Hund verlangt wird. Stellen Sie sich ruhig Ihr Handy, da die Zeit im Training häufig „fliegt". Schließen Sie nach der Trainingseinheit mindestens eine fünfminütige Pause an, bevor Sie mit einem neuen Durchgang beginnen. Um Ihrem Vierbeiner nach der Pause einen guten Einstieg zu ermöglichen, sollte die Distanz zum ausgelegten Futter anfangs wieder ein klein wenig größer sein als die Entfernung, bei der Sie die Übung im vorherigen Durchgang beendet haben. War das ausgelegte Futter also vor der Pause etwa 5 m entfernt, beginnen Sie nun noch einmal in 6 m Entfernung.

Variieren Sie im Lauf des Trainings die Übungsorte und trainieren Sie viel dort, wo Ihr Vierbeiner zuvor leckere Funde staubsaugerartig hinuntergeschlungen hat.

Meistens betrifft dies bestimmte Grillwiesen oder Schulwege, auf denen häufig unliebsame Schulbrote entsorgt werden. Außerdem ist es sinnvoll, dass Ihr Hund Sie nicht jedes Mal dabei beobachtet, wenn Sie das Futter auslegen. Sie können Ihren Vierbeiner erst nach Abschluss der Vorbereitungen dazuholen, eine Hilfsperson bitten, das Futter auszulegen, oder aber Sie nutzen zufällige Funde auf dem Spaziergang für Ihr Training. Beachten Sie, dass Ihr Hund, abhängig von der jeweiligen Windrichtung, das Futter sehr früh oder auch erst sehr spät bemerken kann.

Dieser erste Schritt bildet den Grundstein für die Übung „Zeig mir, was du gefunden hast". Nehmen Sie sich daher ausreichend Zeit und gehen Sie erst zu Schritt 2 über, wenn Ihr Hund zuverlässig in einer Distanz von weniger als einem halben Meter vor dem ausgelegten Futter anhält, ohne dass Sie ihm mit einem Signal helfen.

SCHRITT 2

In diesem Schritt wird nun begonnen, das Anzeigeverhalten zu trainieren. Legen Sie wie in Schritt 1 wenig schmackhaftes Futter in einiger Entfernung auf dem Boden aus. Laufen Sie wie gewohnt mit Ihrem Vierbeiner auf den Fund zu, ohne jedoch ein Abwarten vor dem Futter unmittelbar mit Click oder Markerwort zu markieren. Stattdessen fordern Sie Ihren Hund, wenn er vor dem Fund abwartet, mit dem jeweiligen Signalwort dazu auf, das Anzeigeverhalten (z. B. Sitz) zu zeigen. Ist Ihr Hund durch das Futter stark abgelenkt, dürfen

Sie ihm auch mit einem Handzeichen helfen. Nutzen Sie diese Geste jedoch nur, wenn es unbedingt erforderlich ist, da ein späteres Abbauen dieser Hilfe schwerer fällt. Markieren Sie das gewünschte Verhalten (z. B. Sitz) sofort mit Click oder Markerwort und belohnen Sie Ihren Vierbeiner mit tollem Futter. Führt er das Anzeigeverhalten auf Ihr Signal hin besonders zügig aus, nehmen Sie, nachdem Sie Ihren Hund mit den schmackhaften Leckerchen belohnt haben, zusätzlich noch etwas von dem ausgelegten Futter vom Boden auf und belohnen Sie Ihren Hund damit.

Locken Sie Ihren Vierbeiner mit der Belohnung in der Hand bereits einige Meter weiter, sodass Sie sich wieder von dem ausgelegten Futter entfernen. Auch dieser Schritt sollte an unterschiedlichen Orten sowie unter unterschiedlich starker Ablenkung geübt werden. Man kann das Futter auslegen, während der Hund mal zuschauen darf und mal nicht.
Führt Ihr Hund unabhängig von der Situation auf das Signalwort hin bei mindestens acht von zehn Wiederholungen schnell das Anzeigeverhalten vor dem ausgelegten Futter aus, ist er bereit für Schritt 3.

Ein zuvor ausgelegtes Brötchen wird durch das Anzeigeverhalten „Sitz" angezeigt.

Im dritten Schritt sollte der Hund das Anzeigeverhalten selbstständig zeigen.

SCHRITT 3

Nun wird es spannend: Laufen Sie wie gewohnt mit Ihrem angeleinten Vierbeiner auf das ausgelegte Futter zu. Hält er nun wie gewohnt vor dem Futter inne, geben Sie nicht direkt Ihr Signalwort für das Anzeigeverhalten, sondern warten Sie einige Sekunden ab, ob er sich erinnert, was ihm in den letzten Wiederholungen die Belohnung eingebracht hat. Führt er nach kurzer Bedenkzeit das gewünschte Anzeigeverhalten ohne Hilfestellung aus, markieren Sie dies mit Click oder Markerwort und belohnen Sie Ihren Hund großzügig für diese tolle Leistung. Nehmen Sie zusätzlich etwas von dem Futter vom Boden auf und belohnen Sie Ihren Hund auch damit.

Weiß Ihr Vierbeiner jedoch nicht, was er tun soll, und versucht nach einem kurzen Abwarten doch an das ausgelegte Futter zu gelangen, halten Sie ihn mit der Leine davon ab. Schafft es Ihr Hund, im Anschluss wieder an lockerer Leine vor dem Futter zu warten, geben Sie ihm das Signalwort für das Anzeigeverhalten, markieren Sie die Ausführung mit Click oder Markerwort und belohnen Sie ihn mit schmackhaften Leckerchen. Das Futter vom Boden bekommt Ihr Hund jedoch nicht. Pausieren Sie anschließend und festigen Sie dann noch einige Male Schritt 2, bevor Sie sich erneut an Schritt 3 wagen.

Sobald Ihr Vierbeiner das ausgelegte, uninteressante Futter mit dem gewünschten Verhalten in unterschiedlichen Umgebungen verlässlich anzeigt, auch wenn er nicht dabei zugesehen hat, wie es ausgelegt wurde, kann die Schwierigkeit in Schritt 4 gesteigert werden.

gewünschten Position bleibt. Belohnen Sie Ihren Hund im Anschluss mit schmackhaften Leckerchen und heben Sie zudem einige Stückchen des weniger interessanten Futters vom Boden auf, um sie Ihrem Hund zu geben. Im Folgenden kann die Dauer der Anzeige in kleinen Schritten gesteigert werden. Um die Motivation Ihres Hundes an dieser Übung zu erhalten, ist es sinnvoll, die Anzeigedauer variabel zu steigern. Das bedeutet, dass Ihr Vierbeiner das Futter nicht mit jeder Wiederholung länger anzeigen muss, sondern dass er zwischendurch auch für eine kurze Anzeige belohnt wird. Hat Ihr Hund die drei Sekunden also gut gemeistert, können Sie bei der nächsten Wiederholung beispielsweise fünf Sekunden wagen. Anschließend verlangen Sie nur zwei Sekunden Anzeigedauer, dann aber sieben Sekunden, dann zehn Sekunden und in der folgenden Wiederholung nur drei Sekunden. So weiß Ihr Hund nie, nach welcher Dauer er eine Belohnung bekommt.

Verlässt Ihr Hund die gewünschte Anzeigeposition vor dem Futter, steht auf und möchte den Fund vertilgen, hindern Sie ihn durch die Leine daran. Beenden Sie die Übung und machen Sie eine kurze Pause. Anschließend trainieren Sie das Anzeigeverhalten mit einer kürzeren Dauer, die Sie im Folgenden wiederum steigern können. Beginnen Sie das Training wie gewohnt an einem Ort mit wenig Ablenkung. Klappt die Übung in dieser Umgebung gut, probieren Sie es in immer ablenkungsreicheren Situationen auf dem Spaziergang.

Gelingt es Ihrem Hund zuverlässig, einen Fund 20 Sekunden lang anzuzeigen, darf mit Schritt 5 weiter trainiert werden.

SCHRITT 4

Auf dem Spaziergang kann es vorkommen, dass Sie nicht sofort bemerken, wenn Ihr Vierbeiner einen leckeren Fund anzeigt oder dass er recht weit vorausgelaufen ist. Es ist daher sinnvoll, dass Ihr Hund Fressbares auch über eine längere Dauer anzeigen kann.

Legen Sie dazu in gewohnter Art und Weise das wenig schmackhafte Futter auf dem Boden aus bzw. lassen Sie es durch eine Hilfsperson auslegen. Gehen Sie mit dem angeleinten Hund auf die Stelle zu. Dank des vorherigen Trainings zeigt Ihnen Ihr Hund mit seinem Anzeigeverhalten, dass er etwas gefunden hat. Zögern Sie das Markieren dieses erwünschten Verhaltens mit dem Click oder Markerwort nun noch ein wenig hinaus, sodass Ihr Vierbeiner insgesamt etwa drei Sekunden vor dem Futter in der

> Um den Hund motiviert zu halten, ist es sinnvoll, die Anzeigedauer nicht ständig zu verlängern, sondern ab und zu auch nach kurzer Zeit zu belohnen.

SCHRITT 5

Um der alltäglichen Situation auf dem Spaziergang immer näher zu kommen, wird in den nächsten beiden Schritten der Abstand zwischen Hund und Mensch vergrößert. Zu Beginn dieses Trainingsschrittes ist es daher hilfreich, situationsabhängig entweder eine längere Leine zu verwenden, oder aber das ausgelegte Futter in einem Behältnis (wie im Basistrainingsteil Seite 49 und 50 beschrieben) abzusichern. Legen Sie das wenig schmackhafte Futter wie gewohnt aus oder lassen Sie es auslegen und gehen Sie mit Ihrem Hund darauf zu. Zeigt Ihr Hund nun das gewünschte Anzeigeverhalten, gehen Sie noch ein bis zwei Schritte weiter, während Ihr Hund in der Position verbleiben sollte. Markieren Sie dann das Verhalten mit Click oder Markerwort, kehren Sie zu Ihrem Hund zurück und belohnen Sie ihn mit tollen Leckerchen sowie einigen Stückchen des ausgelegten Futters. Ebenso wie die Dauer der Anzeige in Schritt 4 kann nun die Strecke, die Sie sich von Ihrem Hund entfernen, intermittierend gesteigert werden.

Je zuverlässiger das Anzeigeverhalten funktioniert, desto mehr dürfen Sie sich trauen, die Schleppleine oder die Absicherung des Futters wegzulassen. Lassen Sie dazu z. B. die Leine zunächst schleifen oder öffnen Sie den Deckel der verwendeten Dose immer weiter, bis schließlich weder Hund noch Futter abgesichert sind.

Sobald Ihr Hund auch in einer ablenkungsreichen Umgebung einen Fund anzeigt und davor verharrt, obwohl Sie bereits 15 Schritte weiter gegangen sind, kann die Entfernung in Schritt 6 auf eine weitere Art und Weise gesteigert werden.

Auch wenn die Halterin weitergeht, zeigt der Hund den Fund weiterhin an statt ihn zu fressen.

Das Futter wird auch angezeigt, wenn der Mensch noch nicht angekommen ist.

SCHRITT 6

In diesem Schritt lernt Ihr Vierbeiner, Futter anzuzeigen, auch wenn Sie sich im Moment des Fundes nicht direkt neben ihm befinden, sondern er einige Meter vor Ihnen läuft. Eine Absicherung des Hundes mit einer langen Leine oder aber des Futters mit einer Dose oder Ähnlichem ist auch hier zu Beginn ratsam. Lassen Sie sich zunächst nur 1 m zurückfallen, sodass Ihr Hund kurz vor Ihnen das ausgelegte Futter erreicht. Markieren Sie wie gewohnt das Anzeigeverhalten mit Click oder Markerwort, gehen Sie auf Ihren Hund zu und belohnen Sie ihn mit schmackhaften Leckerchen sowie einigen Stückchen des ausgelegten Futters. Im Lauf des Trainings lassen Sie sich immer weiter zurückfallen, sodass Ihr Hund den Fund in immer größerer Entfernung zu Ihnen entdeckt. Angepasst daran, wie weit sich Ihr Vierbeiner gewöhnlich auf den Spaziergängen von Ihnen entfernt, sollte die Zieldistanz gewählt werden. Regulär sind 20 m meistens ausreichend. Mit zunehmender Sicherheit kann auch in diesem Schritt die Absicherung von Hund und Futter nach und nach verringert werden. Zeigt Ihr Hund das ausgelegte, wenig interessante Futter zuverlässig an, auch wenn Sie noch etliche Meter weit entfernt sind, sind Sie und Ihr Vierbeiner auf der Zielgeraden und dürfen mit Schritt 7 fortfahren.

1

2

SCHRITT 7

Bisher haben Sie und Ihr Hund schon viel erreicht! Nun geht es darum, dass Ihr Hund nicht nur Uninteressantes, sondern insbesondere auch schmackhafte Dinge auf dem Spaziergang anzeigt. Nehmen Sie dazu noch einmal die Liste seiner Lieblingssnacks zur Hand, deren Anfertigung im Basistrainingsteil Seite 45 beschrieben wurde. Wiederholen Sie nun die Schritte 4, 5 und 6 noch einmal mit immer schmackhafterem Futter. Achten Sie jedoch darauf, dass die Belohnung, die Ihr Vierbeiner von Ihnen erhält, noch besser ist als das ausgelegte Futter. Ist keine Steigerung mehr möglich, belohnen Sie Ihren Hund mit einer größeren Menge des Futters. Auch dieses Training sollte an verschiedenen Orten durchgeführt werden.

1. Das Futter kann durch eine Dose abgesichert werden.

2. Durch die Löcher im Deckel ist das Futter gut zu riechen.

3. Wenn das Anzeigeverhalten nicht gezeigt wird, ist das Futter gesichert.

3

Im Lauf des Trainings kann die Dose geöffnet werden, sodass das leckere Futter zugänglich ist.

SCHRITT 8

Herzlichen Glückwunsch! Ihr Hund zeigt nun tatsächlich jegliche Art von Fressbarem auf dem Spaziergang an, statt es sofort hinunterzuschlingen. Aber: Bisher wussten Sie immer genau, wo der nächste Fund liegt, sodass Sie gelassen reagieren konnten. Jetzt ist es an der Zeit, Ihrem Hund einen Vertrauensvorschuss zu geben. Bitten Sie Freunde, Bekannte oder Trainingspartner, Fressbares auf Ihrer Spazierstrecke auszulegen. Beginnen Sie der Einfachheit halber vorerst wieder mit weniger leckeren Dingen und/oder nutzen Sie eine Gitterbox oder Ähnliches zur Absicherung. Laufen Sie die präparierte Strecke ab und beobachten Sie Ihren Hund aufmerksam. Sobald er einen Fund anzeigt, markieren Sie dieses Verhalten mit Click oder Markerwort und belohnen Sie ihn ausgiebig mit besonders beliebten Leckerchen. Sofern der Fund unbedenklich ist und eindeutig auf Ihre Anweisung hin ausgelegt wurde, können Sie auch einen Teil davon zur Belohnung verfüttern. Haben Sie jedoch Zweifel, nehmen Sie den Fund auf und entsorgen Sie ihn, um andere Hunde zu schützen. Üben Sie im Anschluss wieder einige Situationen mit selbst ausgelegtem Futter, sodass Sie Ihren Hund auch mit dem Fund belohnen können. Zeigt Ihr Hund auch leckere Dinge zuverlässig an, haben Sie es geschafft: Ihr Hund zeigt Ihnen nun, was er gefunden hat, anstatt es sofort hinunterzuschlingen.

ZEIG MIR, WAS DU GEFUNDEN HAST – ACHT SCHRITTE IM ÜBERBLICK

1.

Futter auslegen (lassen) – mit Hund auf Futter zubewegen – ruhiges Ansehen des Futters mit Click/
Markerwort markieren – beim Belohnen den Kopf
des Hundes vom ausgelegten Futter weglocken –
schrittweise vorarbeiten – bei Erreichen des ausgelegten Futters zusätzlich mit diesem belohnen
Schwierigkeitsfaktoren Umgebung, Entfernung
zum ausgelegten Futter, Beobachten des Futter-
Auslegens durch den Hund

2.

Futter auslegen (lassen) – mit Hund auf Futter
zubewegen – bei ruhigem Abwarten vor dem Futter
Signal für Anzeigeverhalten geben – Anzeigeverhalten mit Click/Markerwort markieren – mit
schmackhaften Leckerchen und ausgelegtem Futter
belohnen
Schwierigkeitsfaktoren Umgebung, Beobachten
des Futter-Auslegens durch den Hund

3.

Futter auslegen (lassen) – mit Hund auf Futter
zubewegen – abwarten ohne Signal zu geben –
Anzeigeverhalten mit Click/Markerwort markieren –
mit schmackhaften Leckerchen und ausgelegtem
Futter belohnen
Schwierigkeitsfaktoren Umgebung, Beobachten
des Futter-Auslegens durch den Hund

4.

Futter auslegen (lassen) – mit Hund auf Futter
zubewegen – Anzeigeverhalten nach zunehmend
längerer Dauer mit Click/Markerwort markieren –
mit schmackhaften Leckerchen und ausgelegtem
Futter belohnen
Schwierigkeitsfaktoren Umgebung, Beobachten
des Futter-Auslegens durch den Hund, Dauer des
Anzeigeverhaltens

5.

Futter auslegen (lassen) — mit Hund auf Futter zubewegen — wenn Hund Futter anzeigt, zunehmend längere Strecke weitergehen — Anzeigeverhalten mit Click/Markerwort markieren — zum Hund zurückkehren — mit schmackhaften Leckerchen und ausgelegtem Futter belohnen

Schwierigkeitsfaktoren Umgebung, Beobachten des Futter-Auslegens durch den Hund, Größe der Entfernung zum Hund

6.

Futter auslegen (lassen) — Hund zunehmend weiter vorauslaufen lassen — Anzeigeverhalten mit Click/Markerwort markieren — auf Hund zugehen — mit schmackhaften Leckerchen und ausgelegtem Futter belohnen

Schwierigkeitsfaktoren Umgebung, Beobachten des Futter-Auslegens durch den Hund, Größe der Entfernung zum Hund

7.

Zunehmend schmackhafteres Futter auslegen (lassen) — mit Hund auf Futter zubewegen — Anzeigeverhalten nach zunehmend längerer Dauer mit Click/Markerwort markieren — mit schmackhaften Leckerchen und ausgelegtem Futter belohnen

Zunehmend schmackhafteres Futter auslegen (lassen) — mit Hund auf Futter zubewegen — wenn Hund Futter anzeigt, zunehmend längere Strecke weitergehen — Anzeigeverhalten mit Click/Markerwort markieren — zum Hund zurückkehren — mit schmackhaften Leckerchen und ausgelegtem Futter belohnen

Zunehmend schmackhafteres Futter auslegen (lassen) — Hund zunehmend weiter vorauslaufen lassen — Anzeigeverhalten mit Click/Markerwort markieren — auf Hund zugehen — mit schmackhaften Leckerchen und ausgelegtem Futter belohnen

Schwierigkeitsfaktoren Umgebung, Beobachten des Futter-Auslegens durch den Hund, Dauer des Anzeigeverhaltens, Größe der Entfernung zum Hund, Qualität des ausgelegten Futters

8.

Futter an unbekannten Orten auslegen lassen — Hund beobachten — Anzeigeverhalten mit Click/Markerwort markieren — mit schmackhaften Leckerchen und ggf. ausgelegtem Futter belohnen

Schwierigkeitsfaktoren Umgebung, Dauer des Anzeigeverhaltens, Größe der Entfernung zum Hund, Qualität des ausgelegten Futters

1

2

1. Bei sehr futtermotivier-
ten Hunden kann zunächst
mit einem Futterdummy
trainiert werden.

2. Das Dummy wird im
Lauf des Trainings Stück
für Stück geöffnet.

STOLPERFALLEN UND LÖSUNGS-VORSCHLÄGE

**Was tun, wenn der Hund an
jeglicher Art von Futter so
interessiert ist, dass er beim
Training von Schritt 1 nicht
bei seinem Menschen bleibt?**
Läuft Ihr Hund auch aus großer
Entfernung sofort zum ausgelegten Futter oder ist er sehr
aufgeregt, kann die Übung zunächst mit Spielzeug begonnen
werden. Schafft Ihr Hund es,
an lockerer Leine kurz vor dem
Spielzeug abzuwarten, kann
als Nächstes ein leerer Futterdummy verwendet werden.
Ist auch dies erfolgreich, wird
der Dummy mit wenig
schmackhaftem Futter gefüllt
und verschlossen. Im weiteren
Training wird der Futterdummy
immer weiter geöffnet, bis das
Futter schließlich offen daliegt.
Im Anschluss kann mit Schritt
1 weiter trainiert werden.

**Was tun, wenn die Anzeige
nur funktioniert, wenn der
Mensch weiß, wo das Futter
ausgelegt ist?**
Sofern Sie beim Training von
Schritt 8 bemerken, dass das
zuvor sehr zuverlässige An-

zeigeverhalten nicht mehr gezeigt wird, wenn Sie nicht wissen, wo das Futter liegt, ist es sehr wahrscheinlich, dass Sie Ihrem Hund im vorherigen Training versteckte Hilfen gegeben haben. Lassen Sie sich von Freunden beobachten oder filmen Sie sich selbst beim Training: Verlangsamen Sie Ihr Tempo, wenn Sie auf den Fund zusteuern? Geben Sie unbewusst Handzeichen? Atmen Sie scharf ein? Gehen Sie einige Schritte im Training zurück und versuchen Sie zukünftig, jede Art von Hilfen zu vermeiden.

Was tun, wenn der Hund sich nicht für absichtlich ausgelegtes Futter interessiert?
Einige Hunde scheinen zuverlässig zu bemerken, ob es sich um eine absichtlich ausgelegte Trainingsfutterstelle handelt oder ob der Fund „real" ist. Dies ist nicht verwunderlich, da ein Hund leicht erschnuppern kann, wenn ein ausgelegter Fund nach seinen Haltern riecht. Ist dies bei Ihrem Hund der Fall, bitten Sie Freunde, Dinge für Sie auszulegen. Alternativ können Sie auch Einmalhandschuhe verwenden oder Sie schütten die Leckerei aus einer Tüte aus, ohne sie zu

berühren. Eine weitere Möglichkeit ist es, Orte aufzusuchen, an denen häufig mit Essbarem zu rechnen ist. Die Gebiete um Mülleimer, Grillwiesen und Schulwege bilden nur einige Beispiele. Hier ist jedoch besondere Vorsicht angebracht, da die Unbedenklichkeit des Fundes nicht bekannt ist. Überprüfen Sie außerdem, ob Sie Ihrem Hund über Ihre Körpersprache oder Stimme signalisieren, dass der Fund nicht „echt" ist. Sind Sie im Training stets gelassen, aber bei einem realen Fund sehr aufgeregt, bleibt das für Ihren Hund nicht unbemerkt.

Übung „Spuck es aus"

Ziel der Übung ist es, dass Ihr Vierbeiner auf ein Signal hin sofort ausspuckt, was er in seinem Maul hält. Dabei ist es nach Abschluss des Trainings vollkommen gleich, was Ihr Hund aufgenommen hat, da das Signal bei Spielzeug, aber auch bei jeder Art von Fressbarem angewendet werden kann.

TRAININGSZUBEHÖR

— schmackhafte Leckerchen
(z. B. gekochtes Hühnchenfleisch, Würstchen, Käsewürfel u. a.)
— für Schritt 2 uninteressante Gegenstände wie z. B. Fahrradhelm oder Regenschirm
— für Schritt 3 Spielzeug
— für Schritt 4 Nahrungsmittel unterschiedlichen Geschmacks wie z. B. Möhren, getrocknete Brötchen, Würstchen

Sollte Ihr Hund Futter mit aggressivem Verhalten verteidigen, wenden Sie sich bitte an eine/-n auf Verhaltensmedizin spezialisierte/-n Tierarzt/-ärztin oder eine/-n auf Basis der positiven Verstärkung arbeitende/-n Hundetrainer/-in. Diese/-r kann einzuschätzen, ob Sie die folgende Übung mit Ihrem Hund durchführen sollten und zeigt Ihnen gegebenenfalls Alternativen auf.

VORBEREITUNGEN

Wie bereits im oberen Abschnitt erwähnt, soll das Ziel der Übung „Spuck es aus" sein, dass unsere Vierbeiner Fundsachen auf ein Signal hin nicht nur gern, sondern auch unverzüglich ausgeben. Um zu erreichen, dass bereits aufgenommene Dinge „gern" wieder hergegeben werden, ist es erforderlich, in dieser Übung etwas einzusetzen, das beim Hund sehr positive Emotionen hervorruft. Da Sie dieses Buch in den Händen halten, wird es sich dabei vermutlich um Futter handeln. Ein Blick in die Liste seiner Lieblingssnacks (siehe Seite 45) kann Ihnen helfen, besonders schmackhafte Leckerchen auszuwählen. Sicherlich ist es

Gewürfelter Käse oder Würstchen sind gut geeignet.

aber auch möglich, das Signal bei einem sehr spielzeugmotivierten Hund über einen Ball, ein Zergelseil oder Ähnliches aufzubauen. In diesem Fall ersetzen Sie bitte in der folgenden Anleitung die Wörter „Leckerchen" oder „Futter" entsprechend durch „Lieblingsspielzeug". Um das zweite Kriterium zu erfüllen, nämlich dass der Vierbeiner Fundsachen „unverzüglich" hergibt, wird in dem folgenden Training die Erwartungshaltung einer Futterbelohnung zum Ausgeben zunächst einmal klassisch konditioniert. Das bedeutet, dass unsere Hunde nicht darüber nachdenken, was sie tun müssen, um eine Belohnung zu erhalten, sondern dass sie reflexartig auf das Signal reagieren. Dies ist insbesondere von Vorteil, wenn der Hund etwas sehr Weiches findet, das nach kurzem Kauen schon runtergeschluckt werden könnte.

Passendes Signal

Bevor das Training nun begonnen werden kann, sollten Sie sich überlegen, wie das Signal heißen soll, das für Ihren Hund das sofortige Ausgeben ankündigt. Oftmals ist es am einfachsten, ein Wort zu verwenden, das Ihr Vierbeiner im Training bisher noch nicht kennengelernt hat. Dadurch wird sichergestellt, dass der Hund bisher keine falschen Lernerfahrungen mit dem Signal verknüpft hat. Worte wie „Gib's her", „Danke" oder „Drop" bieten sich an, sofern Worte wie „Aus" oder „Pfui" bereits verwendet

wurden. Grundsätzlich sind der Fantasie bei der Wortwahl jedoch keine Grenzen gesetzt. Während des gesamten Trainings sollten zahlreiche schmackhafte Leckerchen stets griffbereit sein, zum Beispiel in einem gut zugänglichen Futterbeutel, den Sie am Gürtel tragen können. Ein Frühstücks- oder Gefrierbeutel in der Hosentasche ist in der Regel nicht geeignet, da das Herausnehmen der Leckerchen recht lange dauert und unvermeidbar mit Knistern verbunden ist. Da bei der folgenden Übung viele Leckerchen verwendet werden, sollten diese nicht zu groß sein. Für einen mittelgroßen Hund ist in etwa die Größe einer Erbse optimal.

Das Signal kann man auch bei Spielzeug einsetzen.

1. Geübt werden sollte in unterschiedlichen Situationen.

2. Die Hand deutet unmittelbar auf die geworfenen Leckerchen.

1

SCHRITT 1

Beginnen Sie das Training in einer Umgebung, in der Sie und Ihr Hund wenig abgelenkt sind. Das kann zum Beispiel das Wohnzimmer sein, wenn sich der Rest der Familie gerade an einem anderen Ort aufhält. Wichtig ist, dass Ihr Hund in diesem Schritt nichts in seinem Maul tragen sollte. Kauknochen, Spielzeug und andere Objekte, die er gern in sein Maul nimmt, sollten nicht erreichbar sein.

Sprechen Sie nun mit freundlicher oder neutraler Stimme, jedoch deutlich hörbar das neue Signalwort aus. Greifen Sie sofort darauf zu den Leckerchen und werfen Sie einige davon auf den Boden vor Ihren Hund. Dabei kommt es auf die Geschwindigkeit an: Das Futter sollte spätestens eine Sekunde nachdem Sie das Wort ausgesprochen haben, auf den Boden vor Ihren Hund

fallen, damit Signalwort und Futter optimal miteinander verknüpft werden. Während Ihr Hund das Futter aufnimmt, zeigen Sie mit dem Finger unmittelbar auf die Leckerchen, die noch auf dem Boden liegen und gefressen werden dürfen. Dieses Detail ist sehr wichtig, damit Ihr Hund bereits von Beginn an daran gewöhnt ist, dass sich Ihre Hand nähert. Im weiteren Verlauf des Trainings können Sie mit dieser Hand dann die Dinge unauffällig aufnehmen, die Ihr Hund ausgespuckt hat. Denn würden Sie dann erstmalig mit der Hand in die Nähe der Hundeschnauze greifen, wird er den Unterschied sofort bemerken und den ausgespuckten Fund gegebenenfalls hektisch wieder in sein Maul nehmen. Zeigen Sie daher schon zu Beginn des Trainings bei jeder Wiederholung auf die Leckerchen und unterstützen Sie Ihren Hund so bei der Suche.

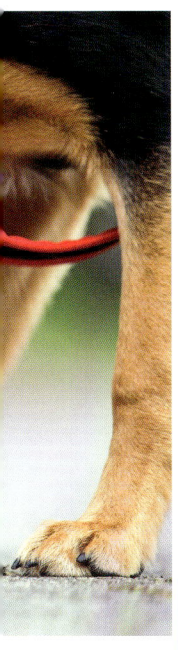

2

Achten Sie bei dieser Übung auf die genaue Reihenfolge: Als Erstes sprechen Sie das neue Signalwort aus, dann erst greifen Sie zu den Leckerchen. Sollte Ihre Hand bereits in der Futtertasche stecken, während Sie das neue Signalwort aussprechen, wird Ihr Vierbeiner das Wort in Erwartung des Futters kaum mehr wahrnehmen und Sie verbringen Ihre Zeit unter Umständen vergebens.

In allen Lebenslagen

Damit Ihr Hund das Signal später in allen Lebenslagen beherrscht, muss von Beginn an darauf hingearbeitet werden. Das bedeutet, dass Sie das neue Signalwort in vielen unterschiedlichen Situationen trainieren sollten. Einmal stehen Sie dabei, das nächste Mal sitzen Sie auf dem Sofa. Dann wiederum hocken Sie auf dem Boden oder aber Ihr Hund liegt in seinem Körbchen. Sie können sich die Schuhe zubinden, den Kinderwagen schieben, ein Handy am Ohr halten oder einen Einkaufskorb tragen, mit Ihrem Hund im Wald oder in der Stadt unterwegs sein. Sprechen Sie das neue Signalwort dabei nicht nur aus, wenn Ihr Hund Sie voller Erwartung ansieht, sondern insbesondere, wenn er gerade in eine andere Richtung sieht.

Sollten Sie bemerken, dass Ihr Hund, sobald Sie das neue Signalwort ausgesprochen haben, in jeder Situation unmittelbar beginnt, auf dem Boden nach seinen Leckerchen zu suchen, können Sie zu Schritt 2 übergehen.

Die Übung „Spuck es aus" sollte auch trainiert werden, wenn der Mensch gerade sitzt.

Die Dose dient im Training als wenig interessanter Gegenstand.

SCHRITT 2

Im zweiten Schritt des Trainings wird ein uninteressanter Gegenstand hinzugenommen, den Ihr Hund normalerweise nicht ins Maul nimmt. Das kann je nach Hund beispielsweise ein Fahrradhelm sein, aber auch ein Regenschirm oder eine Wasserflasche. Legen Sie diesen Gegenstand nun auf den Boden. Sobald Ihr Hund sich kurz für den Gegenstand interessiert, ihn also zum Beispiel kurz ansieht, sprechen Sie in bekannter Art und Weise das neue Signalwort aus und werfen sofort danach die Leckerchen vor Ihrem Hund auf den Boden. Auch in diesem Schritt zeigen Sie Ihrem Hund mit dem Finger die Leckerchen. Im Vergleich zum ersten Übungsschritt ändert sich also nur, dass Ihr Hund zuvor einen wenig interessanten Gegenstand anschaut.

Üben Sie nun mit verschiedenen Gegenständen in unterschiedlichen Umgebungen. Wenn Ihr Hund sich bei mindestens acht von zehn Wiederholungen blitzartig von dem Gegenstand abwendet, nachdem Sie das Signalwort ausgesprochen haben, und nach Futter auf dem Boden sucht, dürfen Sie mit Schritt 3 fortfahren.

SCHRITT 3

Sie haben bereits viel mit Ihrem Hund trainiert, sodass der Vierbeiner in diesem Trainingsschritt nun erstmalig etwas im Maul halten wird, das er blitzschnell ausspucken soll. Es bietet sich an, mit einem Spielzeug zu beginnen, das Ihr Hund relativ uninteressant findet. Sollte er alle Spielzeuge spannend finden, können Sie auch mit einem alten Handtuch oder Ähnlichem starten. Legen Sie das Spielzeug nun auf den Boden. Sobald Ihr Hund das Spielzeug ins Maul nimmt, sprechen Sie das neue Signalwort aus und werfen unmittelbar einige Leckerchen auf den Boden vor Ihren Hund. Auch hier zeigen Sie mit Ihrem Finger auf das Futter, während Ihr Hund die Leckerchen frisst. Dadurch können Sie nun unauffällig das Spielzeug vom Boden aufsammeln und an sich nehmen. Dies sollten Sie jedoch nur ab und zu machen, in der Mehrzahl der Wiederholungen bleibt das Spielzeug einfach auf dem Boden liegen und Ihr

1

Vierbeiner darf es, nachdem er die Leckerchen gefressen hat, direkt wieder aufnehmen, sodass Sie die Gelegenheit haben, ein weiteres Mal das neue Signal zu üben. Wenn Sie das Signalwort zehn Mal üben und Ihr Hund spuckt das Spielzeug dabei acht Mal oder häufiger blitzartig aus, dürfen Sie ein spannenderes Spielzeug für die Übung verwenden. Ob und wie interessant ein Spielzeug für einen Hund ist, hängt stark von den individuellen Vorlieben ab. Generell werden weiche Stoffspielzeuge lieber genommen als harte Gummispielzeuge, aber auch die Form kann einen Einfluss haben. Viele Hunde finden zudem quietschende Spielzeuge sehr attraktiv und bei jagenden Hunden kann man häufig mit Echtfell punkten. Eine weitere Schwierigkeit besteht in der Länge des Spiels. Am einfachsten ist das Ausgeben für Ihren Vierbeiner, wenn er das Spielzeug nur kurz im Maul getragen hat. Schwieriger wird es, wenn er schon eine Weile darauf herum-

kauen durfte, und am herausforderndsten ist es sicherlich, wenn Sie mit Ihrem Hund ein wildes Zieh- und Zergelspiel veranstalten. Je länger das Spiel geht, desto aufgeregter wird Ihr Hund und desto schwerer fällt ihm das Hergeben. Lassen Sie das Zergelspielzeug daher los, sobald Sie das Signalwort aussprechen, um Ihrem Hund das Ausspucken zunächst zu erleichtern. Auch die Umgebung spielt eine Rolle. Allein im Wohnzimmer ist das Ausgeben leichter als in der Nähe der Hundewiese, auf der zahlreiche Artgenossen spielen.

Bauen Sie das Training in sehr kleinen Schritten auf und verändern Sie immer nur eine Schwierigkeitsstufe. Das bedeutet: Entweder Sie nutzen ein spannenderes Spielzeug oder Sie lassen Ihren Hund länger mit dem Spielzeug spielen, bis Sie das Signalwort aussprechen. Alternativ können Sie auch in einer ablenkungsreicheren Umgebung trainieren.

2

3

1. In Schritt 3 wird mit Spielzeug trainiert.

2. Pferde sind für viele Hunde eine starke Ablenkung.

3. Im Training sollte das Spielzeug nur selten weggenommen werden.

SCHRITT 4

Spuckt Ihr Hund jedes Spielzeug blitzschnell und gerne aus? Dann dürfen Sie sich nun an Essbares wagen. Ähnlich wie bei dem Spielzeug in Schritt 3 sollten Sie auch hier in kleinen Schritten vorgehen. Ein Blick in die Liste seiner Lieblingssnacks kann Ihnen dabei helfen. Beginnen sollten Sie wiederum mit etwas wenig Attraktivem, das zudem nicht schnell zu verschlucken ist. Große Büffelhautknochen ohne besondere Füllung werden von vielen Hunden als mäßig interessant angesehen. Je nach Größe des Hundes können beispielsweise auch Möhren verwendet werden. Die schwierigste Stufe bilden intensiv duftende, kleine, weiche Futterartikel wie kleine Frikadellen oder Wurststückchen oder aber Dinge, auf denen der Hund bereits lange herumgekaut hat.

Legen Sie die Leckerei nun auf den Boden, sodass Ihr Hund sie aufnimmt. Sobald er den Fund im Maul hält, sprechen Sie das Signalwort aus und werfen wiederum einige Leckerchen vor Ihren Hund auf den Boden. Während Sie mit dem Finger auf die Futterstückchen zeigen, können Sie den Knochen unauffällig einsammeln. Wie auch in Schritt 3 sollte allerdings in der Mehrzahl der Übungen der Kauartikel auf dem Boden liegen bleiben, sodass Ihr Hund ihn direkt wieder aufnehmen kann. Verändern Sie wie in Schritt 3 auch hier immer nur einen Schwierigkeitsfaktor zur Zeit und steigern Sie die Schwierigkeit erst, wenn Ihr Vierbeiner den Fund in acht von zehn Fällen blitzartig ausspuckt.

SCHRITT 5

Herzlichen Glückwunsch! Sie haben erreicht, dass Ihr tierischer Mitbewohner sämtliche Dinge gern und unverzüglich ausspuckt, wenn Sie ihn dazu auffordern, und können das Signal jetzt in Alltagssituationen verwenden. Nun heißt es, am Ball zu bleiben. „Verlieren" Sie hin und wieder Leckereien auf dem Spaziergang und lassen Sie Ihren Hund die Dinge finden. So können Sie entspannt das Ausgeben üben, da Sie wissen, dass es sich um nichts Gefährliches handelt.

1. Möhren sind ein guter Trainingseinstieg.

2. Um die Schwierigkeit zu steigern, wird mit einem Brötchen geübt.

3. Das Brötchen wird auf dem Spaziergang heimlich verloren.

2

3

Ab diesem Trainingsschritt dürfen Sie auch in der Art der Belohnung variieren. Das heißt, es müssen nicht jedes Mal Leckerchen gestreut werden, sondern Sie können Ihren Vierbeiner in Alltagssituationen auf vielfältige Art und Weise belohnen. Hat er blitzschnell sein Spielzeug ausgespuckt? Dann werfen Sie es ihm zur Belohnung ein weiteres Mal weg. Hat er ein Stückchen Möhre, das in der Küche heruntergefallen ist, sofort wieder hergegeben? Dann erlauben Sie ihm, dass er dieses Stückchen fressen darf. Hat er an der Hundewiese ein altes Stück Brot zügig ausgegeben? Dann geben Sie ihn frei, sodass er mit seinen Artgenossen spielen darf. All diese Punkte sind selbstverständlich nur Anregungen. Je nach Charakter und Vorlieben des Hundes können auch zahlreiche andere Dinge oder Beschäftigungen als Belohnung eingesetzt werden.

Hin und wieder sollten Sie das Signal jedoch mit Schritt 1 wieder „aufladen", um die Verknüpfung weiter aufrechtzuerhalten.

SPUCK ES AUS –
FÜNF SCHRITTE IM ÜBERBLICK

1. Signalwort aussprechen – in den Futterbeutel greifen – Leckerchen auf den Boden werfen – auf die Leckerchen zeigen, während der Hund diese sucht und frisst
Schwierigkeitsfaktoren Trainingsumgebung

2. Uninteressanten Gegenstand auf den Boden legen – bei Interesse des Hundes Signalwort aussprechen – in den Futterbeutel greifen – Leckerchen auf den Boden werfen – auf die Leckerchen zeigen, während der Hund diese sucht und frisst
Schwierigkeitsfaktoren Trainingsumgebung, Wahl der Gegenstände

3. Spielzeug auf den Boden legen – wenn der Hund es aufnimmt, Signalwort aussprechen – in den Futterbeutel greifen – Leckerchen auf den Boden werfen – auf die Leckerchen zeigen, während der Hund diese sucht und frisst
Schwierigkeitsfaktoren Trainingsumgebung, Material und Konsistenz des Spielzeugs, Dauer und Art des Spiels

4. Essbares auf den Boden legen – wenn der Hund es aufnimmt, Signalwort aussprechen – in den Futterbeutel greifen – Leckerchen auf den Boden werfen – auf die Leckerchen zeigen, während der Hund diese sucht und frisst
Schwierigkeitsfaktoren Trainingsumgebung, Art, Größe und Konsistenz des Futters, Dauer des Futterbesitzes

5. Einsatz im Alltag, Belohnung variieren

STOLPERFALLEN UND LÖSUNGSVORSCHLÄGE

Was tun, wenn der Hund auf dem Spaziergang etwas findet und in sein Maul nimmt, das Training aber erst bis maximal Schritt 3 vorangeschritten ist?

Das neue Signal „Spuck es aus" sollte erst angewendet werden, wenn das Training bis Schritt 5 abgeschlossen ist. Hört Ihr Hund das neue Signalwort häufig in Situationen, die seinen derzeitigen Trainingsstand überschreiten, sodass er den Fund weiterhin im Maul behält oder auffrisst, verhindert dies, dass das Signal später zuverlässig funktioniert. Sofern eine Gefahr vermutet wird und Sie den Vorfall nicht übergehen können, muss der Fund aus der Hundeschnauze herausgenommen werden. Sollte Ihr Hund mit aggressivem Verhalten reagieren, gehen Sie jedoch kein Risiko für Ihre eigene Gesundheit ein. Grundsätzlich sollte bei jedem Hund das Öffnen der Schnauze so trainiert werden, dass er es sich gern gefallen lässt. Es sollte dazu mit einem Signalwort wie z. B. „Auf", „Zeig her" o. Ä. angekündigt werden und im Anschluss großzügig belohnt werden. Damit eine positive Verknüpfung möglich ist, sollte das Signal oft in Momenten geübt werden, in denen der Hund gerade nichts ein seinem Maul trägt.

Was tun, wenn der Hund das Spielzeug beim Training von Schritt 3 nicht sofort ausspuckt?

Grundsätzlich gilt, dass bei diesem Stand des Trainings auf das Signalwort immer Leckerchen folgen sollten, damit Ihr Hund eine starke Verknüpfung zwischen neuem Signalwort und Futter herstellen kann. Das bedeutet konkret, dass Sie in jedem Fall Leckerchen auf den Boden werfen, auch wenn Ihr Hund das Spielzeug daraufhin weiter im Maul halten sollte. Beachten Sie das Spielzeug nicht, sondern machen Sie das Futter interessanter, indem Sie weitere Leckerchen auf den Boden werfen, diese vom Hund wegrollen oder eine aufgeregte Stimmlage nutzen. Die nächste Wiederholung sollte in jedem Fall einfacher gestaltet werden.

Was tun, wenn der Hund Spielzeug zuverlässig ausspuckt, aber selbst den uninteressantesten Kauknochen nicht hergeben kann?

Bei Vierbeinern, die jede Form von Futter sehr schmackhaft finden, kann ein Futterdummy einen Zwischenschritt zwischen Spielzeug und Futter bilden. Die Füllung des Dummys kann dabei variiert werden. Gurkenstückchen sind wenig geruchsintensiv und damit zumeist wenig interessant, Trockenfutter ist hingegen schon etwas leckerer.

Was tun, wenn der Hund auf dem Spaziergang plötzlich beginnt, alles in sein Maul zu nehmen?

Da wir unseren Hunden beigebracht haben, Fundsachen „gern" auszuspucken, weil sie daraufhin Futter bekommen, kann es passieren, dass manche Vierbeiner absichtlich Dinge aufnehmen. In diesem Fall sollten Sie das Verhalten bei ungefährlichen Dingen wie Stöckchen nicht weiter beachten. Ebenfalls können Sie selbst Fundsachen „verlieren", von denen keine Gefahr ausgeht, wie Teile von Papiertaschentüchern oder Ähnlichem. Nimmt Ihr Hund diese dann auf, können Sie das Verhalten entspannt ignorieren, da es sich um nichts Gefährliches handelt. Generell sollte der Fokus verstärkt auf der Übung „Zeig mir, was du gefunden hast" liegen, da so eine Aufnahme von vornherein verhindert wird.

Aus dem Alltag
Rudi, ein Allesfresser wegen Bauchschmerzen

Die Wohnung sah irgendwann aus wie vor einem Umzug. Rudi konnte nur in einem nahezu leeren Raum allein gelassen werden. Ansonsten hätte er wieder alles, was nicht niet- und nagelfest war, angekaut und gefressen.

Labrador Rudi kam mit zehn Wochen aus einer sehr großen Zuchtstätte zu Familie Peters. Als Welpe war Rudi auffällig vorsichtig und hatte Angst vor vielen Alltagsgeräuschen. Er hatte offensichtlich einiges nicht kennengelernt, da er die ersten Wochen seines Lebens in einer Zwingeranlage verbracht hatte. Rudi fühlte sich in seinem neuen Zuhause jedoch sehr wohl, war verschmust und erkundete das Haus, wie es sich für einen Labradorwelpen gehört. Leider bekam Rudi immer häufiger Durchfall. In der Kotprobe wurden Giardien – also parasitische Einzeller des Darms – nachgewiesen und Rudi musste Medikamente bekommen. In dieser Zeit begann Rudi Tapete, Schranktüren und Schuhe anzuknabbern. Er nagte jedoch nicht nur daran herum, er fraß die Dinge auf. Im Garten und draußen stürzte sich Rudi auf jedes Grasbüschel und jedes Blatt und fraß dies in sich hinein. Schließlich gab der Tierarzt den Rat, Rudi nur noch mit einem Maulkorb Gassi zu führen, um das exzessive Fressen zu verhindern.

Nach einigen Wochen war Rudis Durchfall geheilt und auch Giardien konnten nicht mehr

nachgewiesen werden. Die Symptome, die man medizinisch als Pica, das Fressen unangemessener Dinge, bezeichnet, bestanden jedoch weiter. Rudi wurde nun zur genaueren Untersuchung an eine Klinik überwiesen, bei der eine Magenspiegelung die Gewissheit brachte: Rudi litt an einer chronischen Magenschleimhautentzündung (Gastritis) und hatte gleich mehrere Magengeschwüre. Viele Hunde reagieren auf Bauchschmerzen instinktiv mit exzessivem Grasfressen. Auch Rudi hatte ein dementsprechend fehlgeleitetes Kompensationsverhalten entwickelt, allerdings umfasste dieses nicht nur Gras, sonders alles, was ihm wortwörtlich vor die Nase kam. Durch die Behandlung der Gastritis wurde Rudis Fresswahn deutlich gelindert. Zusätzlich half es, dem jungen Rüden Futter-Beschäftigungsspiele anzubieten, die sehr gut bei Rudi ankamen.

SERVICE

Zum Weiterlesen

Bruns, Sandra und Anett Seidensticker: **Gassi-Training.** Erziehung und Spiele für unterwegs. Kosmos 2015

Bruns, Sandra: **Das Hundebuch für Kids** – verstehen, erziehen, spielen. Kosmos 2014

Bucksch, Martin: **Kosmos Praxishandbuch Hundekrankheiten.** Vorsorge und Erste Hilfe, Krankheiten erkennen und behandeln. Kosmos 2013

Pryor, Karen: **Positiv bestärken – sanft erziehen.** Der Klassiker zum Clicker-Training. Kosmos 2017

Theby, Viviane: **Das Kosmos Welpenbuch.** Entwicklung und Auswahl. Eingewöhnung, Sozialisierung und Erziehung. Für einen guten Start ins Hundeleben. Kosmos 2016

Winkler, Sabine: **Hundeerziehung.** Sozialisierung, Ausbildung, Problemlösung. Kosmos 2017

Adressen & Links

Praxis für Verhaltensmedizin des Hundes
Hundeschule
Dr. med. vet. Sandra Bruns
Eschenbachstr. 1B
30629 Hannover
Telefon: 0511/26 02 588
Telefon: 0170/75 67 576
Telefax: 0511/26 02 587
E-Mail: info@training-fuer-hundebesitzer.de
Internet: www.training-fuer-hundebesitzer.de

Gesellschaft für Tierverhaltensmedizin
und -therapie – GTVMT e.V.
Telefon: 040/60 87 53 51
Telefax: 040/46 77 54 18
E-Mail: vorstand@gtvmt.de
Internet: www.gtvmt.de

www.clinitox.ch
Deutschsprachige Internetdatenbank zu Giftsubstanzen, Giftpflanzen & Vergiftungs-symptomen

www.petpoisonhelpline.com
Englischsprachige Internetdatenbank zu Giftsubstanzen, Giftpflanzen & Vergiftungs-symptomen

www.bfr.bund.de/cm/343/
verzeichnis-der-giftinformationszentren.pdf
Verzeichnis der Giftinformationszentren in Deutschland

www.giftkoeder-radar.com
Datenbank aktueller Giftköder-Warnungen

Register

BILDNACHWEIS

145 Farbfotos wurden von Anna Auerbach/Kosmos für dieses Buch aufgenommen.
Weitere Farbfotos von Anna Auerbach (3; Seite 30, 58, 126), Anett Seidensticker (3; Seite 13, 14 beide) und Ivanova N/Shutterstock (1; Seite 2 – 3).

IMPRESSUM

Umschlaggestaltung von GRAMISCI Editorialdesign, München unter Verwendung von sechs Farbfotos von Anna Auerbach/Kosmos.

Mit 152 Farbfotos.

Unser gesamtes Programm finden Sie unter **kosmos.de.**
Über Neuigkeiten informieren Sie regelmäßig unsere
Newsletter, einfach anmelden unter **kosmos.de/newsletter**

Gedruckt auf chlorfrei gebleichtem Papier

© 2018, Franckh-Kosmos Verlags-GmbH & Co. KG, Stuttgart
Alle Rechte vorbehalten
ISBN 978-3-440-15390-1
Redaktion: Alice Rieger
Gestaltungskonzept: GRAMISCI Editorialdesign, Cornelia Sekulin, München
Gestaltung und Satz: Claudia Adam Graphic Design, Darmstadt
Produktion: Andrea Hehn
Druck und Bindung: Westermann Druck Zwickau GmbH, Zwickau
Printed in Germany/Imprimé en Allemagne